図解 即 戦力 豊富な図解と丁寧な解説で、知識0でもわかりやすい！

化粧品業界の

しくみと仕事がしっかりわかる

これ1冊で

廣瀬知砂子
Chisako Hirose

技術評論社

ご注意：ご購入・ご利用の前に必ずお読みください

はじめに

化粧品業界は今、まさに変革の時を迎えています。

昨今、異業種大手企業や新興企業の化粧品ビジネスへの参入が加速し、化粧品の製造販売業態数は2006年以来、上昇の一途をたどっています。

以前の化粧品業界は、高額な広告費など、新規参入のために多くのハードルがありました。しかし近年はインターネットの普及などでそれらの課題が解決され、新規参入しやすい業界に変わってきています。

とはいえ、成功を収める新規参入企業は一部であり、そこにはさまざまな問題があるのです。

既存の大手化粧品メーカーも過渡期を迎えています。最近は消費者が自分の趣味趣向に合う商品を求めるようになり、以前のようにマーケティングを仕掛けることで大ヒット商品を生むことが難しくなりました。

本書は、このように激変する化粧品業界の最新情報、化粧品関連業務に携わるビジネスパーソンが知っておくべき基本から応用までを解説しています。業界用語解説を加えているので、異業種企業の方や化粧品業界を目指す学生さんにもご活用いただけるでしょう。本書が化粧品業界への理解を深め、実務の一助となれば幸いです。

最後になりますが、弊社の化粧品コンサルティングのお取引先企業の皆様、早稲田大学ビジネススクール（MBA）の同窓生の皆様、ゼミの担当教員である川上智子教授、化粧品業界の大先輩の方々には、要所要所でアドバイスや励ましを頂戴しました。心より感謝申し上げます。

廣瀬知砂子

CONTENTS

Chapter 2

化粧品業界の事情と特色

Chapter **3**

化粧品会社の組織と部門

Chapter **4**

化粧品会社の経営とリスク

Chapter 5
化粧品業界のマーケティング

Chapter **6**

化粧品の商品開発

Chapter **7**

化粧品業界の新市場

Chapter 8

化粧品業界の中国戦略

Chapter 9
化粧品業界のイノベーション

プロローグ

化粧品業界の
最新トピックス

2020年初頭よりまん延した新型コロナウイルスによるダメージを大きく受けた化粧品業界ですが、過去にもさまざまな環境変化に対応しながら成長してきました。プロローグでは化粧品業界の変化に着目し、少子高齢化、化粧品業界のEC化のスピード、新興企業増加の影響、サステナビリティについて解説します。

化粧品業界の最新トピックス 01

新型コロナウイルスを機に
変化し始めた化粧品業界

化粧品市場の売上は、東日本大震災翌年の2012年以降、右肩上がりの成長を見せていました。アベノミクスの好景気に加えて、中国からのインバウンド消費（→P176）が増えていたからです。

しかし、2019年に中国の新EC法が施行されました。円高人民元安も重

▶ インバウンド消費により売上の黄金期が続いていた

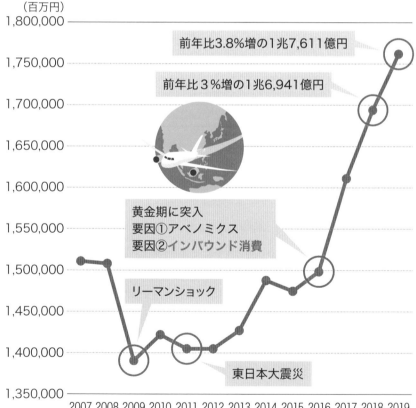

（百万円）

前年比3.8%増の1兆7,611億円

前年比3％増の1兆6,941億円

黄金期に突入
要因①アベノミクス
要因②インバウンド消費

リーマンショック

東日本大震災

2007 2008 2009 2010 2011 2012 2013 2014 2015 2016 2017 2018 2019
（年）

※経済産業省「生産動態統計」（2021）より作成

なり、インバウンド消費が縮小していきます。さらに消費税増税で国内需要も落ち込み、化粧品市場に徐々に翳りが見え始めました。

2020年以降は、新型コロナウイルスの流行や、ロシアのウクライナ侵攻など、不安定な世界情勢の影響を受け、業界全体で売上の低迷に加え、原料の高騰および調達にも大きな影響を受けました。

インバウンド消費が回復するまでの間に、EC販売の促進はもちろんのこと、費用効率化の改革や海外で売れる仕組みづくりに力を入れた企業が確固たる経営基盤を築くことができるでしょう。

▶ 新型コロナウイルスなどの影響で売上の急激な落ち込みが始まる

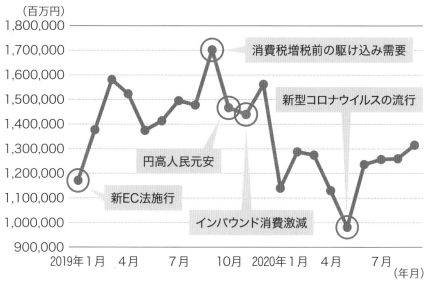

（百万円）

1,700,000 — 消費税増税前の駆け込み需要
新型コロナウイルスの流行
円高人民元安
新EC法施行
インバウンド消費激減

2019年1月　4月　7月　10月　2020年1月　4月　7月
（年月）

※経済産業省「生産動態統計」（2021）より作成

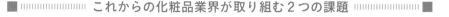

■ ⅢⅢⅢⅢⅢⅢⅢⅢ これからの化粧品業界が取り組む2つの課題 ⅢⅢⅢⅢⅢⅢⅢⅢ ■

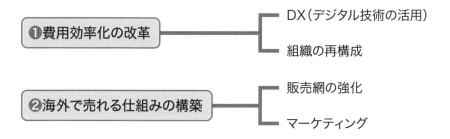

❶費用効率化の改革 ── DX（デジタル技術の活用）
　　　　　　　　　　└ 組織の再構成

❷海外で売れる仕組みの構築 ── 販売網の強化
　　　　　　　　　　　　　　└ マーケティング

少子高齢化による
化粧品業界への影響とは

日本の人口は2008年に1億2,800万人を突破したのをピークに減少しています。2019年に生まれた子どもの数は約86万5,000人で、統計開始以来初めて90万人を割りました。2025年には国民の3人に1人が65歳以上、5人に1人が75歳以上になると予測されています。

▶ 2025年時の人口ピラミッド

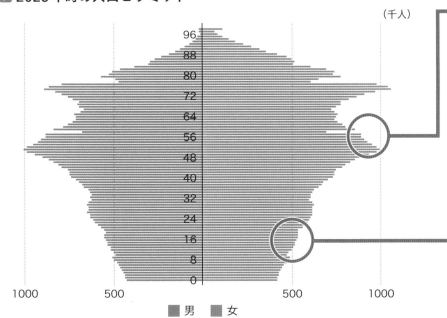

※国立社会保障・人口問題研究所『日本の将来推計人口（2017年推計）』より作成

▶ 2つの若者世代が現代の化粧品業界で鍵を握る

	Y世代	Z世代
生まれ年	1980〜1995年	1995年以降
特徴	インターネットが普及し、今までとは違う価値観を持つ若者世代	SNSによる情報収集が当たり前の若者世代。中国では日本の人口の2倍近くがZ世代

少子高齢化は、化粧品業界にとってプラスとは言えません。新しいメイクなどはチャレンジ精神旺盛な若者を中心に生まれます。逆に、大人になると保守的になり、冒険的なメイクをすることが少なくなるからです。

一方で、少子高齢化もデメリットばかりではありません。日本は、韓国や中国に比べて、若々しい感覚をもつ中高年の女性たちが多数存在します。この目の肥えた消費者向けに開発された日本の高価格帯のスキンケアブランドは、中国でも高い評価を受けています。いつまでも美に貪欲な中高年が多い日本市場だからこそ生まれた商品は、大きな競争力を持っているのです。

中高年層の人口比率が増加している

中高年向けマーケティングの強化
（日本は若々しい感覚の中高年が多い）

● **アンチエイジング**
美しくなりたい願望を満たすのではなく、若々しさを維持するための化粧品の需要が高まる

● **プレステージブランド**
社会で働き続ける女性が増加し子育てもひと段落すると、時間とお金に余裕ができる

国内の若者人口の減少

若者向けの化粧品の減少

● 若者人口減少による売上期待が低下

● 若者人口及び総人口に占めるその割合は、昭和50年以降ほぼ一貫して減少

● 若者の労働力人口は、一貫して減少

● **韓国コスメの流行も脅威に！**
※10代の韓国コスメの使用率は高い

■ 現在も利用している
■ 以前利用していた
■ 知っているが、利用したことはない
■ 韓国コスメを利用したことがない

48%
29%
17%
6%

※テスティー（2020）より作成

化粧品業界で
EC化が進みにくい理由

化粧品業界は、他業界に比べてEC
の普及が遅れています。経済産業省
が2020年に発表した調査結果による
と「化粧品、医薬品」のEC化率は約

6％です。「事務用品、文房具」の約
41％、「書籍、映像・音楽ソフト」の
34％などに比べて圧倒的に低い普及
率と言えます。

▶ 化粧品の販売店ごとの売上高

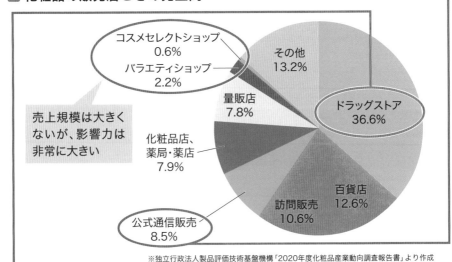

コスメセレクトショップ 0.6%
バラエティショップ 2.2%
その他 13.2%
量販店 7.8%
ドラッグストア 36.6%
化粧品店、薬局・薬店 7.9%
百貨店 12.6%
訪問販売 10.6%
公式通信販売 8.5%

売上規模は大きくないが、影響力は非常に大きい

※独立行政法人製品評価技術基盤機構「2020年度化粧品産業動向調査報告書」より作成

ドラッグストア別の化粧品売上比率

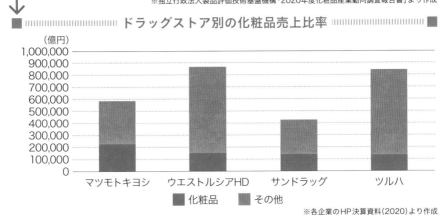

（億円）
1,000,000
900,000
800,000
700,000
600,000
500,000
400,000
300,000
200,000
100,000
0

マツモトキヨシ　ウエストルシアHD　サンドラッグ　ツルハ

■ 化粧品　　■ その他

※各企業のHP決算資料(2020)より作成

これは、化粧品業界を支えてきた販売店への考慮で、EC化に慎重にならざるを得ないという背景があったからです。

化粧品は、いろいろな商品を比較したりカウンセリングでアドバイスをもらうなど、リアルな店舗での顧客体験が重要視される商材なので、EC化には時間がかかると見られていたという事情もあります。しかし、コロナ禍で非接触接客が求められるようになり、化粧品会社は急ピッチで変革を行っています。制度品大手メーカー各社はライブ配信やチャットでオンラインカウンセリングを行うなど、美容部員による顧客体験を損なわない販売方法のデジタル化を模索しています。

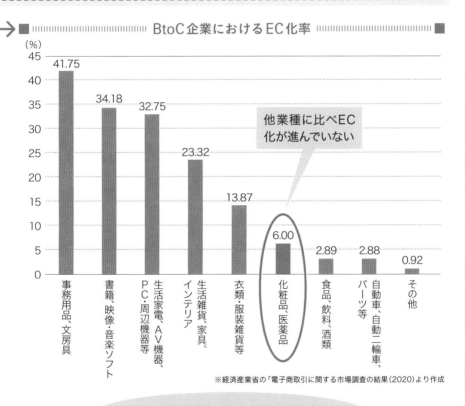

BtoC企業におけるEC化率

他業種に比べEC化が進んでいない

業種	EC化率(%)
事務用品、文房具	41.75
書籍、映像・音楽ソフト	34.18
PC・周辺機器等	32.75
生活家電、AV機器、	
生活雑貨、家具、インテリア	23.32
衣類・服装雑貨等	13.87
化粧品、医薬品	6.00
食品、飲料・酒類	2.89
自動車、自動二輪車、パーツ等	2.88
その他	0.92

※経済産業省の「電子商取引に関する市場調査の結果（2020）より作成

EC化が進まない2つの理由

❶制度品契約をしている販売店の売上を下げないため

❷カウンセリングなど充分な顧客体験ができないため

新興企業が大手化粧品会社を脅かす時代に

かつて、新興企業は大手化粧品会社には勝てないというのが業界の常識でした。しかし、最近では安くて有名な商品（マス商品）より割高でも自分らしい商品（ニッチなプレミアム商品）を求める傾向が強くなり、新興企業の成功のチャンスが高まっています。

2000年代初頭まで大手国産ブラン

▶ 口紅・ほほ紅・アイメイクアップ累積出荷集中度

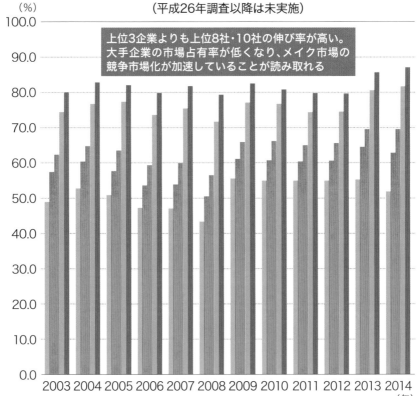

各社の市場占拠率を算出し、
上位3・4・5・8・10社の累積集中度にまとめて公表
（平成26年調査以降は未実施）

上位3企業よりも上位8社・10社の伸び率が高い。
大手企業の市場占有率が低くなり、メイク市場の
競争市場化が加速していることが読み取れる

■ 上位3社　■ 上位4社　■ 上位5社　■ 上位8社　■ 上位10社

※公正取引委員会事務総局のHP（https://www.jftc.go.jp/soshiki/kyotsukoukai/ruiseki/index.html）より作成

ドは規模の経済性を活かし、高い品質の商品を低価格で提供することでヒット商品を次々と生み出していました。

2000年代後半からは、消費スタイルが多様化し市場の細分化が進んだため、大手であることが必ずしも優位に働かなくなります。代わりに台頭してきたのが新興企業です。カテゴリーに特化した専門ブランドがシェアNo.1を獲得するケースが相次ぎました。

2017年以降になるとInstagramが浸透したことで、無名なブランドも売上を伸ばしていきました。一つ一つの売上は小さいですが、全体を総合すると大きな売上となり、大手企業のシェアを奪う現象が起きています。

▶ マス商品が売れにくくなっている

マス商品が売れた時代

新興企業
大量生産に
限界がある
↓
大手ほど
安くできない

VS

大手企業
大量生産が
できる
↓
低価格を
実現

価格を安くできる大手企業の商品が売れる

↓

マス商品が売れない時代

新興企業
狭い市場に向けた
商品をつくる
↓
ターゲットの価値観に
合った商品がつくれる

VS

大手企業
大量生産が
できる
↓
万人受けで特定の価値観に
合わせた商品がつくれない

自分らしさが売りのニッチなプレミアム商品にもチャンスが生まれる

化粧品業界における
サステナビリティの実現とは

サステナビリティ（持続可能性）という考え方が世界で大きな注目を集めています。環境（地球温暖化や海洋汚染等）、社会（ジェンダーや教育等）、経済（貧困や労働環境等）の問題を解決することで、未来の人々が必要なものを残していく考え方です。

2015年9月の国連サミットでは、サ

▶ SDGsの17の目標

1 貧困を なくそう	2 飢餓を ゼロに	3 すべての人に 健康と福祉を	4 質の高い教育を みんなに	5 ジェンダー平等を 実現しよう	6 安全な水と トイレを世界中に
7 エネルギーを みんなに そしてクリーンに	8 働きがいも 経済成長も	9 産業と技術革新 の基盤をつくろう	10 人や国の 不平等をなくそう	11 住み続けられる まちづくりを	12 つくる責任 つかう責任
13 気候変動に 具体的な対策を	14 海の豊かさを 守ろう	15 陸の豊かさも 守ろう	16 平和と公正を すべての人に	17 パートナーシップ で目標を 達成しよう	

● メーカーの事例→花王のESG戦略「Kirei Lifestyle Plan」

出典：花王株式会社

ステナビリティの考え方を元に、2030年までに達成すべき目標としてSDGs（Sustainable Developments Goals）が採択されました。各企業もSDGsに積極的に取り組む必要があります。

サステナビリティの流れは、化粧品業界も例外ではありません。SDGs採択以前の2015年8月に日本化粧品工業連合会から出ている指針では、取り組むべき4分野を特定し、参考情報として具体的なアクション例も述べています（右下図参照）。また、各企業はSDGsを実現するためにESG戦略で方針を明確にしています。ESGは環境（Enviroment）、社会（Social）、ガバナンス（Governance）の頭文字です。

● 業界の指針→日本化粧品工業連合会のサステナビリティ指針

出典：https://www.jcia.org/user/approach/sustainability

消費者課題				環境		人権・労働慣行			コミュニティへの参画	
商品の品質・安全性の確保と、QOLの向上をめざした商品開発の推進	品・サービスの情報提供 お客様への適正でわかりやすい商	切な対応と、お客さまのご意見による改善の推進 お客様からの問い合わせへの適	個人情報の適切な管理	した商品やサービスの開発 美しさの実現と環境配慮が共存	および環境保全活動 事業活動における環境負荷低減	対話の促進	整備 性別にとらわれない労働環境の	人権の尊重	コミュニティへの貢献	コミュニティとの対話

（アクションプラン例）

原材料調達		製造	輸送	使用		廃棄		その他
つながっていないことを確認 地球温暖化や生物多様性の喪失に	リサイクル材料の調達と活用	の削減や汚染物質の排出削減等） 環境技術の導入（エネルギー消費	分なスペースの削減等） 輸送効率の向上（コンパクト化や余	エネルギーや水の量の削減 お客様が使用する電気やお湯等、	環境に関する情報の提供	水や大気を汚染しないように配慮	クル）への貢献 3R（リデュース、リユース、リサイ	配慮 廃棄物が自然の循環に戻るような 減等・環境への配慮 持続可能な資源の利用や廃棄物削 地球温暖化防止、生物多様性保全、

ECと専門店の共存を目指す化粧品会社

資生堂のEC販売が専門店の怒りを買う

2020年、資生堂はスペシャルキットコレクションという制度品化粧品（→P32）の値引きセットを「watashi+（ワタシプラス）」で販売しました。watashi+とは、資生堂が2012年にWebサイトの一部を改称した公式のオンライン販売サイトのことです。

しかし、これに対して化粧品専門店から「専門店には定価で売らせているのに、メーカーが自らブランド価値を毀損する値引きを行うとは何事か？」と多くのクレームが寄せられました。

その後、魚谷雅彦社長（当時）の直筆と思われる署名が記載されている詫び状を化粧品専門店に送るほどの大きな問題へと発展してしまいました。

このように、制度品化粧品のEC化は非常に難しいと言われています。取引先である化粧品専門店などの顧客を奪ってしまう可能性もあるからです。これが、化粧品のEC化が遅れている原因の一つと考えられます。

専門店とEC販売が共存するためには

2021年3月、資生堂はこの問題を解決するために、専門店の強みとデジタルの強みを掛け合わせた専門店ECプラットフォーム「Omise+（オミセプラス）」を立ち上げました。

通常のECサイトでは、商品を選んで決済しますが、Omise+で顧客が馴染みの専門店などをオンライン上で選び、その店舗が扱う商品を購入するシステムです。

専門店にとっては他社のECサイトに顧客を奪われるよりも自店で買ってもらったほうがよいため、メリットが大きいシステムです。専門店500店舗から賛同を得て取り組みが始まり、以来多くの専門店との関係構築が進められています。

一方で、資生堂にとってもメリットがあります。専門店と顧客との間には強い信頼関係があるため、その顧客を自社のプラットフォームに引き入れられるからです。消費者と販売店とメーカー、三方良しの新しいビジネスモデルが期待されます。

第**1**章

化粧品業界の
基礎知識

化粧品には、①要素が複合的である②原価率が低い③人件費や広告費などの販売管理費が高い、という他業界にはない３つの特徴があります。また、「再販価格維持制度」「制度品」など化粧品独自の仕組みや「百貨店」「一般品」「通信販売」「訪問販売」「メーカー直営店」といった販売経路など化粧品業界の基本知識について解説します。

Chapter1 01

化粧品を分類するときの基準

化粧品とひと言で言っても、その種類や使い方は多岐にわたります。その分類は、国やメーカーがそれぞれの基準で行っており、今までに存在しなかった新製品がヒットすると新しいカテゴリーが加わることもあります。

国・消費者・メーカーで化粧品の分類は異なる

スキンケア
肌の手入れをして、見た目や状態をよくすること。

メイクアップ
肌を美しく見せたり、肌を守ること。

経済産業省の工業統計表の区分では、化粧品は「香水」「オーデコロン」「頭髪用化粧品」「皮膚用化粧品」「仕上用化粧品及び特殊用途化粧品」の5つに分けられています。また、メーカー側も国とは別の基準で、化粧品を右図のように区分しています。

それまでにない新規のカテゴリーが加わりやすいのも化粧品の特徴です。たとえば現在、美容液はなくてはならない超定番品ですが、最初にこのカテゴリーを作ったのは国産ではコーセー（外資本ではエスティローダー）だと言われています。このようにある会社が新しいカテゴリーを創造し、ヒットすると、追従して後発品が出てくるため、新たなカテゴリーとして定着するのです。

アイテープ
100円ショップで購入する人も多い、まぶたを二重にするテープ。

医薬品、医療機器等の品質、有効性および安全性の確保等に関する法律
薬機法のこと。P62参照。

ただし、国やメーカーが決めた化粧品の定義と消費者の考える化粧品のイメージが異なるものもあります。たとえば、つけまつげやアイテープ等は、国の定めた区分けによると「化粧品」ではなく「雑貨」という扱いです。しかし、目を大きくするという目的はマスカラやアイシャドウと同じですから、消費者はつけまつげも化粧品を選ぶのと同じ気持ちで購入しています。

化粧品と薬用化粧品の違い

オーラルケア
オーラルケアとは歯磨き粉などの口腔ケアのこと。近年、自然派をコンセプトにした化粧品ブランドからも、オーラルケアの製品が発売されるケースが増加している。

化粧品は、医薬品、医療機器等の品質、有効性および安全性の確保等に関する法律によって「化粧品」と「薬用化粧品」にも分類されます。

「化粧品」は肌の保湿や清浄などの効果が期待されています。

「薬用化粧品」は化粧品の効果に加え、肌あれ・にきびを防ぐ、美白、デオドラントなどの効果を持つ「有効成分」が配合され、化粧品と医薬品の間の「医薬部外品」に位置づけられます。

▶ メーカーの化粧品区分

スキンケア・基礎化粧品
- 目元・口元スペシャルケア
- クレンジング
- 化粧水
- パックフェイス・マスク
- 洗顔料
- 乳液・美容液

メイクアップ
- ネイル・ネイルケア
- アイブロウ
- チーク
- 口紅・グロス・リップライナー
- アイシャドウ
- マスカラ
- アイライナー

ベースメイク
- ファンデーション
- 化粧下地・コンシーラー
- フェイスパウダー

ヘアケア
- シャンプー・コンディショナー
- スペシャルヘアケア
- ヘアカラー・パーマ
- ヘアスタイリング

ボディケア
- デイリーボディケア
- オーラルケア
- スペシャルボディケア・パーツ

フレグランス
- 香水
- オーデコロン
- パルファン
- 練り香水
- オードパルファン
- オードトワレ

化粧品には他商材と大きく異なる３つの特徴がある

化粧品ビジネスを他業種と比較した場合、大きな違いとして①複合的である②原価率の低さ③人件費や広告費など販売管理費の高さの３点が挙げられます。それぞれの特徴を詳しく見てきましょう。

あらゆる業界の要素が詰まっている

化粧品を商材として見ると、大きな特徴が３つあります。

１つ目の特徴は医療、アパレル、食品、文具や雑貨など、あらゆる他の商材の要素が詰まっていることです。そのため、「化粧品マーケティングを経験すると、他の消費財の仕事にも適応しやすい」と人材市場で評価されることもあります。

◎医療

化粧品会社は最先端の皮膚科学研究・薬学・生化学といった研究開発に膨大な投資をします。カウンセリング化粧品の美容部員は知識も高く、生活習慣改善のアドバイスなども行っています。「トラブルを未然に防ぐ」ことを目指しており、「予防医療」に近い側面を持っていると言えます。

ただし化粧品で治療はできません。厳格な規定が薬機法によって定められているので、企業は規定から逸脱しない接客や表現を厳守します。

◎アパレル

流行色や質感を考慮した開発はアパレル業界と共通しています。服飾ブランドであるシャネル、ディオールなどのラグジュアリーブランド（→P178）はコスメ業界でもトレンドを牽引する存在です。

◎食品

感触や肌の心地よさ等にこだわり、原料臭を消しながら嗜好性の高い香りを追求するなど、食品の味覚へのこだわりに近い発想で商品開発をします。原料には天然成分も多くあります。

◎文具や雑貨

顔に色を塗るメイクアップアイテムは文具と共通点があります。その他、コンパクト、化粧箱、容器、マッサージローラー等の美

カウンセリング化粧品
教育を受けた販売員と自身の状態について相談しながら購入する化粧品のこと。

▶ 化粧品に詰まっている要素

医療的
- 皮膚科学研究
- 薬学
- 生化学
- 安全性の追求

文具・雑貨的
- 容器の素材開発
- パッケージデザイン
- 美容ツール開発

化粧品

アパレル的
- ブランディング
- 色開発

食品的
- 香りや成分のストーリー
- 心地よいテクスチャーの開発

▶ 化粧品の原価率

化粧品	20～30%台	繊維	66.2%	保険	30.8%
		食料品	67.5%	精密機器	59.4%

※化粧品は資生堂21.1%(2018年)、コーセー26.6%(2019年3月)などを参照
※その他業種は2018年2月～2019年1月期を参照

容ツールなどは、雑貨的なアイデアで作られます。

◉ 他の業界に比べて原価が安い

　2つ目の特徴は、原価の安さです。化粧品の原価率は20～30％程度と言われています。「水を売っている」などと揶揄されることも多く、儲かりそうなビジネスというイメージもあります。しかし、化粧品は「モノ」を作るだけで簡単に売れるわけではありません。コモディティ化しているため、品質だけの差別化は難しく、新規客の誘引と収益率を同時に上げることは非常に難易度が高いのです。そのため、3つ目の特徴である販売管理費の高さへと繋がります。消費者に商品の魅力などを伝えるために、広告費や販売のための人件費の比率は、他の業界に比べて高くなるのです。

化粧品の価格は安定している

化粧品は値引き販売が行われることもありますが、アパレルなどと比較すると価格が安定しています。背景には、45年間続いた再販価格維持制度があります。現在は廃止されていますが、その影響は今でも色濃く残っています。

化粧品とアパレルの違い

　　化粧品とアパレル（衣料品）はファッション・ビューティー産業として同じような業界として見られがちですが、1つ大きな違いがあります。それが価格の安定度です。

　　衣料品の大半は値引きやセールが頻繁に行われます。グローバルなラグジュアリーブランドの場合は、委託取引方式や直営店を通じた販売方式を採用しているため価格統制ができますが、大多数のアパレルブランドはセールで売上を作らざるをえないため、価格が安定しません。一方で、化粧品の価格は定価で発売されることが多く、非常に安定しています。

化粧品の価格が安定した理由

　　化粧品の価格は初めから安定していたわけではありません。1945年前後の化粧品業界は値引きが横行していたため、メーカーや小売店の倒産が多発し、業界が危機に瀕していました。

　　そこで、1953年に独立禁止法が一部改正され、化粧品は再販売価格維持制度で国から保護される産業になったのです。

　　再販売価格維持制度は、再販売価格を定価で維持するように流通業者に求める制度のことです。要請に応じず値引きをする小売店に対しては商品の出荷停止も可能です。通常、メーカーが販売先に取引商品の価格を指示し守らせる行為は独占禁止法違反になりますが、この制度はその対象から除外されていたのです。

　　その後、再販売価格維持制度は1974年と97年の2段階で廃止されましたが、この制度の影響は強く残っています。現在でも、資生堂、花王（カネボウ）、コーセーなどの「制度品」や外資系百貨店ブランドの多くは定価での流通を維持しています。

再販売価格維持制度
化粧品が除外されて以降も、書籍・雑誌・新聞・音楽ソフト（レコード・カセットテープ・音楽CD）や、たばこは現在も価格維持の対象。

再販売価格
メーカーが卸売業に販売した化粧品を再度小売業で販売する際の価格。

▶ 化粧品会社・価格の歴史

1872年
「資生堂」創業
1887年
「花王」創業
1887年
「カネボウ」創業
1929年
「ポーラ」創業
1948年
「コーセー」創業

価格再販維持制度が認められる

1,001円以上の化粧品は再販売価格維持制度の対象外に

現在でも再販維持制度の影響は残り、大きな値崩れはしにくい

1945 1953　　　1974　　　　　1997　　　2021

化粧品の値引きが横行し、メーカーや小売店の倒産が多発

化粧品の再販維持制度は撤廃される

● ブランドを守るためのノープリントプライス

　もちろん、まったく値引きが無いわけではありません。ドラッグストアなどで制度品の30％引きセールなども頻繁に行われています。これは昔では考えられないことでした。

　そこで登場したのが「ノープリントプライス」です。メーカーから小売店に対しての参考価格が消費者にはわからないように表示されるもので、最初に採用したのは資生堂のマキアージュです。

　価格を表示しないノープリントプライスを採用することで、ドラッグストアの値引き販売時に「定価の何割引」という表示ができなくなります。この仕組みで、過剰な値下げイメージがなくなるため、ブランドイメージの毀損を防ぐことができるのです。

　制度品は日本の化粧品をリードしてきましたが、このように価格が守られてきたからこそ「日本の化粧品は高品質だ」と世界に評価されるまで育ったとも考えられるでしょう。

参考価格
メーカーや販売元が設定している希望小売価格のこと。

「東のレート、西のクラブ」
西（クラブ・中山太陽堂）東（レート・平尾賛平商店）、大正から昭和初期の有名な化粧品会社。

 ONE POINT

資生堂の生存競争

　化粧品の売上シェアNo.1の資生堂は1872年に創業していますが、最初からトップ企業だったわけではありません。戦前から戦後までの化粧品業界は「東のレート、西のクラブ」の2強時代が続いていました。2社は激しい価格競争に巻きこまれ1954年に倒産しています。資生堂は「高級で洗練されたイメージ」と「制度品」という新しいビジネスモデルの創造によって今の地位を獲得したのです。

Chapter1 04

化粧品の流通経路（チャネル）は大きく７つに分かれている

化粧品は栄枯盛衰の激しいビジネスです。時代とともに流通経路のシェアは変化します。歴史の長い化粧品メーカーは、時代の変化を素早く察知し、旬の流通経路への適応に成功した企業です。

流通経路を確認しよう

チャネル
商品や情報が企業から消費者まで届くための経路のこと。

化粧品の流通経路（チャネル）は、大きく右図のような７つに分かれます。ただし、分かれているといっても、重なっている部分もあります。制度品、百貨店コスメは通販でも買えますし、通販ブランドの直営店もあります。

①〜⑦の流通経路の詳細は次項目以降で取り上げます。まずは７つに分かれることを確認しておきましょう。

流通経路は時代と共に変化する

流通経路は時代と共に変化していきます。たとえば以前主流だった「⑤訪問販売」は、売り手や顧客の高齢化によって若い世代には馴染みのない方法になっています。

縮小傾向の訪問販売に頼るのではなく、多角化にシフトした企業は大きく成功しています。訪問販売で創業したポーラやノエビアなどの企業も多角化を行っています。チャネルを広げたり、ドラッグストアやEC専門のブランドを立ち上げたり、OEM企業として他の化粧品会社の製造を受託したりするなど多角的な事業を展開しています。

DX
デジタルトランスフォーメーションの略。デジタル技術を使って人々の生活を良いものに変えていくこと。

また、かつて化粧品の流通経路として興隆を極めた制度品というシステム自体はその勢いを失ってしまいましたが、トップ企業の売上は年々伸びてます。グローバル市場（特に中国市場）を取り込んでいるからです。

ボーダレス
境界や国境が意味をなさないこと。

DX、ボーダレス、少子高齢化、サステナビリティの実現……、世の中が急速に変わる中で、これまで以上に化粧品流通の変化のスピードもさらに加速するでしょう。

▶ 化粧品の7つの流通経路

	流通経路	最近の傾向	主なブランド
①	**制度品** (→P32) ---- メーカーと小売店の直接契約	消費者ニーズの多様化により国内は伸び悩むものの海外で好調なブランドも	資生堂 花王 カネボウ コーセー アルビオン　など
②	**百貨店コスメ** (→P34) ---- 百貨店のバイヤーとの契約	所有することで承認欲求や自己顕示欲が満たされるため有名ブランドコスメは若い層にも人気	ランコム シャネル エスティローダー　など
③	**一般品** (→P36) ---- 一般的な卸売業者からの流通	大規模なマス市場で陳列棚を確保するためにも熾烈な競争。売れなかったら即撤去の厳しい世界	ビオレ ウーノ 肌ラボ キャンメイク　など
④	**通信販売** (→P38) ---- インターネットや電話などを通じて郵送する方法	中年世代のブランドが多かったが、SNSの浸透により若者向けのD2Cブランドが急増中	ファンケル DHC オルビス 新興D2Cブランド 　　　　　　　　　　など
⑤	**訪問販売** (→P40) ---- 販売員が直接顧客の元に訪問をして販売	訪問販売自体のビジネスモデルは縮小し多角化している企業が好調	ポーラ メナード ノエビア　など
⑥	**業務用販売** (→P44) ---- 流通形態は一般品と同じだが、一般消費者ではなく企業向け	美容師やエステティシャンへの営業力が鍵となる究極のBtoBビジネス	ミルボン ナプラ ロレアル（ケラスターゼ） など
⑦	**メーカ直営販売** (→P42) ---- 店舗で世界観を明確に伝える	EC時代だからこそ体験型店舗としての強みを発揮したブランドが好調	ロクシタン シロ イソップ ラッシュ　など

Chapter1 05

値崩れさせないための制度品システム

制度品流通は日本の化粧品独特の販売形態で、資生堂が大正につくりあげた制度です。ECが発達した現在においても大きなシェアを誇る販売方法で、値崩れせずにブランド価値が守れるメリットがあります。

メーカーと小売店が直接契約する流通法

化粧品業界ではよく「制度品」という単語が出てきます。制度品（カウンセリング化粧品）は、化粧品メーカーが直接小売店と契約して販売する化粧品のことです。また、この流通経路のことを「制度品システム」といいます。

制度品システムの原点は、資生堂2代目社長松本昇氏が1923年に発案した「チェーンストア（資生堂連鎖店）」です。

メーカーはチェーンストア契約をした小売店にしか商品を卸さなくなるため、基本的にそれ以外のルートから商品が流通することがなく価格が維持されるようになりました。

小売店のメリット

メーカーは小売店と他メーカーの契約を妨害する意図はないため、小売店はさまざまなメーカーと契約を結ぶことができます。

CMをしている商品を仕入れて、店頭に大きなポスターを貼れば集客できたため、広告宣伝もメーカーに頼ることができました。小売店の負担が少なくてすんだわけです。

ところが再販制度撤廃以降、徐々に制度品の価格優位性が下がっています。

特に認知度の高いマスブランドの場合、ドラッグストアで「カウンセリング化粧品でポイント10倍」「カウンセリング化粧品30％オフ」などの施策が常態化し、必ずしも価格が維持されなくなりました。百貨店や専門店ブランドは制度品システムの最後の砦として、メーカーと販売店の強固な絆によって価格が維持されています。

カウンセリング化粧品
制度品システムの維持には多額の費用がかかる。そのため、資生堂、コーセー、マックスファクター、花王、カネボウと限られた企業でのみ採用されている。

小売店の契約
たとえば資生堂のチェーンストアと契約していても競合となるカネボウやコーセーとも取引ができる。

専門店ブランド
資生堂のベネフィーク、カネボウのトワニー、コーセーのプレディアなど。

百貨店と専門店の両方で扱うブランド
資生堂（クレドポーボーテ、SHISEIDO）コーセー（コスメデコルテ）花王（エスト、KANEBO）。

▶ 化粧品流通の仕組み

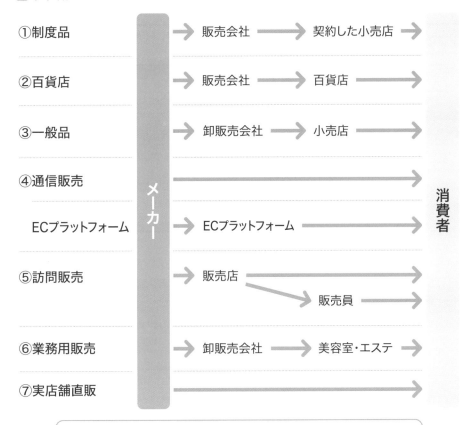

①制度品 → 販売会社 → 契約した小売店 →

②百貨店 → 販売会社 → 百貨店 →

③一般品 → 卸販売会社 → 小売店 →

④通信販売 →

ECプラットフォーム → ECプラットフォーム →

⑤訪問販売 → 販売店 → 販売員 →

⑥業務用販売 → 卸販売会社 → 美容室・エステ →

⑦実店舗直販 →

メーカー

消費者

> 化粧品は系列の販売会社と契約小売店で扱うため
> 価格の維持が可能

▶ 制度品ブランドの7つの特徴

❶ メーカー小売店と取引契約を結ぶ
❷ 陳列するためのポップ什器やテスターを供給
❸ カウンセリング販売を行う美容部員を一部に派遣
❹ 売上に応じて奨励金を支給
❺ ポップやパンフレットやポスターなどのを提供
❻ 仕入れた金額で返品できる
❼ 全国に販売会社があり営業マンの支援が手厚い

Chapter1 06

高級化粧品を取り扱う「百貨店」

百貨店における化粧品は、華やかなディスプレイや美容部員の丁寧な接客で、特別な顧客体験を与える売り場となっています。地下の食品売り場と同様に百貨店の集客の動機をつくる重要な役割を果たしています。

百貨店ブランドのステイタス

百貨店で取り扱われているメーカーはブランドのステイタスが高いと考えられています。特に一流として認められるのが、東京では伊勢丹 新宿店、関西では阪急うめだ本店の2店です。

最先端のブランド、他の百貨店では手に入れられない限定品や先行発売などを行っているため、絶大な売上を誇っています。多くの企業が出店を希望していますが、この2店舗に選ばれるのは目利きのバイヤーに認められるごく少数のブランドのみです。

百貨店で売ることのメリットとは

百貨店の化粧品販売は、それぞれ以下のメリットがあります。

●化粧品メーカーにとってのメリット
- ブランド価値が上がる（中国市場進出にも有利）
- 高価格帯の商品を買う良質な顧客を誘引できる

●百貨店にとってのメリット
- 値崩れしにくい
- 売れ残りは返品できる
- 化粧品に力を入れると上層階まで誘導できる
- メーカーが美容部員を派遣してくれるため、派遣社員を必要とする百貨店ビジネスと相性が良い（ただし、百貨店とメーカーの契約によっては百貨店の美容部員が店頭に立つ）

●消費者にとってのメリット
- 贅沢な気持ちで買い物ができる
- 店頭で美容部員によるきめ細やかなカウンセリングを受けられるため、自分に合った商品を購入できる

伊勢丹 新宿店
2019年、1979年以来40年ぶりに本館化粧品フロアの大改革を行った。今まで1階だけだった売場を1階、2階の2フロア体制にし、面積を約1.5倍拡大した。

百貨店の苦境と化粧品メーカーのセレクトショップ化
三越伊勢丹が大都市郊外や地方都市の店舗を相次いで閉鎖するなど、百貨店ビジネス自体は厳しい状況。そのため、化粧品メーカーもセレクトショップ型の（複数のブランドを扱う）店舗に出店するなど新しい顧客の獲得に注力している。

▶ デパートコスメ（デパコス）のメーカー例

コーセー

ADDICTION
JILL STUART

花王

RMK
LUNASOL
SUQQU

アルビオン

Elégance
ANNA SUI
PAUL & JOE

資生堂

IPSA
Laura Mercier
NARS

エスティローダー

M·A·C
BOBBI BROWN
CLINIQUE

アインファーマシーズ

AYURA

ロレアル

LANCOME
shu uemura
Helena Rubinstein

LVMH

DIOR
GIVENCHY
Guerlain

ポーラ

THREE

 ONE POINT

バイヤーの権限

メーカーの営業担当者が商談するのは、百貨店の化粧品担当のバイヤーです。
どのブランドを置くのか、広さはどれくらいにするのかに加えて、カード会員への
新製品の告知イベントの企画実施など百貨店顧客の販促もバイヤーが決める権限を
持っています。特に人通りの多いコーナーと柱の陰では売上に大きな差が出てしま
うため、メーカーにとって数年に1度の改装時の交渉は最重要課題です。

Chapter1
07

低価格～中価格を扱う「一般品」

卸売企業を通して小売店に流通する方法で、化粧品業界以外でも一般的な販売方法です。美容部員がいないセルフ販売のため、店頭で置かれる場所やパッケージデザインによって売上が大きく変わります。

制度品より歴史が古い流通法

キスミーコスメチックス

1965年にキスミー販売会社を改名して株式会社キスミーコスメチックスが誕生する。2005年に伊勢半と合併するが、ブランドは残る。キスミーの由来はキスしても色落ちしにくい口紅だからである。

バラエティストア

食品以外の消費頻度の高い雑貨などを多数取り揃えている小売店のこと。

　一般品は制度品より歴史が古い流通法です。一説では、キスミーコスメチックスで知られる親会社伊勢半が伊勢屋半右衛門商店として1790年に創立し、一般品流通が確立したと言われています。

　メーカーにとっては、ドラッグストア、量販店、ホームセンター、バラエティストアなど、さまざまな業態の小売店に幅広く商品を行き渡せられるのがメリットです。その反面、値引き販売がしやすいため、価格が崩壊しやすいというデメリットもあります。

　一般品はカウンセリング販売をほぼ行っていません。説明なしで購入がしやすいように、中価格帯～低価格帯のものがほとんどです。ユニークなキャッチコピーや目を惹くデザインの商品で各社しのぎを削っていますが、新製品発売などのキャンペーンでは期間限定で販売員を派遣することもあります。

問屋の役割が重要

　一般品が流通する際に重要な役割を果たすのが卸販売会社です。化粧品の卸販売会社の最大手株式会社パルタックは医薬品、日用品、動物用医薬品等幅広く手がけていますが、売上約1兆円のうち約2,700億円が化粧品です（右図参照）。

　メーカーにとっては、売上規模が大きい卸販売会社と取引すれば必ずしも有利に働くとは限りません。企業によって強みが違うからです。まだまだ小規模のブランドがバラエティストアでブランド力を高める戦略を考えている場合と、ある程度の売上規模を持つブランドがドラッグストアやスーパーに全国レベルで展開したい場合では利用する卸販売会社が異なるのです。

▶ 一般品の流通法

メーカー　卸売　卸販売会社

ドラッグストア
量販店
ホームセンター
バラエティストア
ディスカウントストア
100円ショップ

▶ パルタックの売上比率（2020年3月決算）

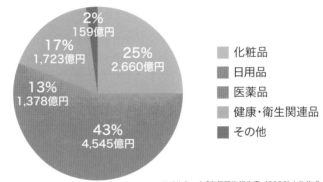

- 2% 159億円
- 17% 1,723億円
- 13% 1,378億円
- 25% 2,660億円
- 43% 4,545億円

凡例:
- 化粧品
- 日用品
- 医薬品
- 健康・衛生関連品
- その他

※パルタック「有価証券報告書」（2020）より作成

セルフ化粧品とカウンセリング化粧品の混在

　量販店やドラッグストアなど実際の店舗では、「制度品の本流であるカウンセリング化粧品」「制度品も販売しているメーカーから発売されたセルフ化粧品」が一緒に並ぶことがあります。

　たとえば、ドラッグストアに並べられている資生堂のスキンケアブランド「エリクシール」はカウンセリング化粧品で、ヘアケアブランド「ツバキ」は一般品棚に置かれるセルフ化粧品です。この差は消費者には認識できません。値崩れしやすいセルフ化粧品とカウンセリング化粧品が混在すると、資生堂全体のブランディングにマイナスに働きます。資生堂は2021年に「ツバキ」などのセルフ化粧品の売却を発表しました。売上は下がりますが、収益率とブランド価値の向上を見込んだ経営判断です（→P126）。

Chapter1 08

新興企業が進出しやすい 市場となった「通信販売」

SNSやアプリの普及により、ベンチャー・スタートアップ企業が続々と参入しています。最小限の広告費用で最大限の売上をつくるために、デジタルマーケティングのノウハウやスキルを持つ人材の獲得が成長の鍵を握ります。

現在好調な通信販売

ブランドランキング
（2020年決算より
推定）
1位ファンケル
一部上場企業。2019年にキリンホールディングスが約30％の株を取得。
2位オルビス
ポーラ・オルビスホールディングス。
3位DHC
非上場企業。医薬品、アパレル、リゾート、映像など、多角的なビジネスを行う。

　現在、最も勢いのある化粧品の流通経路が通信販売（通販）で、売上は右肩上がりです。

　特に最近は、SNSやアプリの普及で決済の利便性も高まり、通販への不信感もなくなりつつあります。

　通販はベンチャー企業が進出しやすい流通経路です。インターネットが普及する前は、新聞、テレビ、雑誌、ラジオ、折り込み広告やフリーペーパーで無料サンプルを配布するベンチャー企業が売上を伸ばしました。

　インターネットが普及した2000年以降はブログブームに乗り、薬機法すれすれの過激な広告を出すベンチャー系化粧品会社が売上を伸ばしました。2017年以降はInstagramの浸透により、若いターゲットに支持される次世代のベンチャー系化粧品会社が次々と誕生しています。

1回買ってもらうだけでは儲からない

ブランド構築
ブランドが強いとクロスセル（他の商品を買ってもらうこと）やアップセル（さらに高い商品を買ってもらうこと）されやすいため、LTVが上がり、会社が持続的に成長する。ブランドについてはP106参照。

　通販ビジネスでは、「無料サンプル」「お試しセット」「初回割引」などの新規獲得施策が行われ、CPA（1件の成果獲得にかかる顧客獲得単価）が非常に高いため、新規顧客を獲得してもすぐには儲けが出ないことがほとんどです。

　新規顧客が数回リピートすることで、ようやく初回にかかったコストを回収できます。

　新規と既存客では買ってもらうためのマーケティングコストが約5倍もの差があるとも言われているため、利益を上げるためには新規獲得だけではなく既存顧客の維持が重要視されます。

　そのためにLTV（Life Time Value：ライフ タイム バリューの

▶ 化粧品通販の市場規模推移

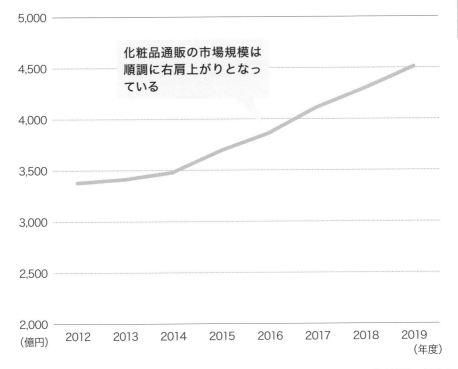

化粧品通販の市場規模は順調に右肩上がりとなっている

※「TPCマーケティングリサーチ株式会社調べ」より作成

略で顧客生涯価値）という指標を重要視します。

LTVは「顧客の年間平均取引額（平均購買単価×平均購入回数）×顧客の平均継続年数」という計算式で出すことができます。LTVが高いということは、会社の利益率が高いということを意味しています。

 ONE POINT

単品通販の売上の壁

単品通販で成功した企業は、ある一定以上の売上の壁を超えられないケースがあります。持続的な成長のためには、短期的な売上構築だけではなく、ブランド構築のための長期的な投資が必要となります。この配分が非常に難しいため、経営者の経営センスによって成長スピードが変わるのです。

Chapter1 09

人と人とのつながりを大切にした「訪問販売」

日本の訪問販売は1929年に始まり、1980年代までは化粧品販売の大きな流通経路でした。しかし、90年代以降はシェアが低下しており、訪問販売を得意とする会社も時代に合った販売方法にシフトしています。

売上は右肩下がり

訪問販売とは、化粧品メーカーが販売会社などを通じて販売員を家庭や職場に派遣し、顧客に直接商品を説明して売る流通法のことです。日本では、1929年に創業したポーラ化粧品が初めて訪問販売を開始しました。このビジネスモデルのピークは1980年代までで、1990年代に入ると、量販店やドラッグストアが化粧品の販売に力を入れるようになりました。安くて高機能な化粧品が近所で簡単に手に入るようになったことも、訪問販売のシェアの減少に拍車をかけました。女性の在宅時間が短くなったり、一時期の訪問販売に押し売りの印象がついてしまったことなど、他にもさまざまな要因が重なり訪問販売のシェアは下がっていきました。

ビジネスモデルをチェンジする企業

このような厳しい状況の中、訪問販売メーカーの中には、ECサイト、エステサロン、ドラッグストア、百貨店、直営店、中国など、他のチャネルでの展開を積極的に行っている企業があります（右図参照）。本丸である訪問販売ブランドを凌駕する勢いで大きく成長を遂げている事業もあり、代表的なものにはポーラの傘下の通販ブランド「オルビス」、ノエビア傘下の常盤薬品のセルフ化粧品ブランド「サナ」「エクセル」があります。

ポーラには約3万5,000人、メナードには約8万人の販売員が在籍しています。

両社とも、現在は訪問販売だけではなく、エステやカウンセリングと化粧品販売を融合した路面店に力を入れています。

人と人とのつながりを重視する訪問販売企業の強みは、時代とともにビジネスモデルが変わっても活かされ続けているのです。

▶ 主な訪問販売メーカー

ポーラ・オルビス ホールディングス	訪問販売だけでなく、百貨店、ファッションビルへの出店、エステティックサロン併設の店舗で展開している。日本で初めて「シワを改善する」効果効能が認められた薬用美容液を発売するなど、訪問販売の域を超えて化粧品業界全体を牽引する存在
ノエビア	80年代のフレディマーキュリーの「ボーン・トゥ・ラヴ・ユー」を起用したCMでおなじみの植物原料由来の化粧品ブランド。低価格帯戦略はグループ会社の常盤薬品工業が担い、高級イメージはノエビアに注力。ECサイトでも展開
日本メナード化粧品	ニキビ・肌荒れ用の化粧水「ビューネ」がロングセラー。有名女優を起用したCMに長期的に力を入れたブランディング。エステが受けられるフェイシャルサロンに注力
ナリス化粧品	訪問販売の他、ECサイト、ドラッグストアでも購入可能。日焼け止め「ナリスアップ」は中国のECサイトで爆売れの代表的商品のひとつ
シャンソン化粧品	化粧品は主に訪問販売や美容室の販売が主だったが、現在はエステティックサロンでの販売に重点を置いている。傘下にはOEM・ODM企業もある
ヤクルト化粧品	乳酸菌スキンケアが売り。飲料宅配の強みを活かし「コスメティックヤクルトレディ」という制度も採用している
ナガセビューティーケァ	訪問販売をメインとしながら会員限定ECサイトにも力を入れている

▶ 化粧品の訪問販売の売上推移

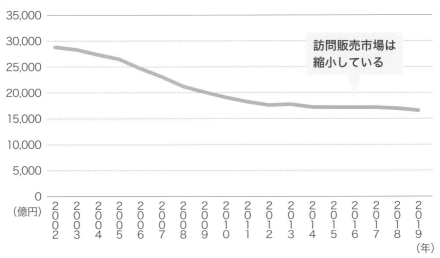

訪問販売市場は縮小している

※公益社団法人「日本訪問販売協会」(2020)より作成

Chapter1

10

独自の世界観を構築した「メーカー直営店」

ライフスタイル系化粧品ブランドは直営店に力を入れています。おしゃれな店内の雰囲気をお客様に楽しんでもらい、その結果、化粧品を買ってもらえるようなビジネスを展開しています。

おしゃれな世界観が特徴

ファンケルやDHCなどの大手通販化粧品メーカー、ポーラやメナードなどの訪問販売メーカー、資生堂やコーセーなどの大手制度品メーカー、アモーレパシフィックなどの韓国化粧品メーカーなど、直営店舗を運営する化粧品会社はたくさんあります。なかでも、世界観を重視したライフスタイル系のブランドの直営店がSNSの映えブーム以降はさらに高い支持を集めています。

南仏プロヴァンス産の植物原料を使用したフランスの「ロクシタン」、新鮮な野菜や果物を使った100％ベジタリアン対応の「ラッシュ」、徹底的に素材にこだわった「シロ」や「イソップ」などが直営店の代表的存在です。

一般の販売店とは異なり、お店の雰囲気そのものを売りにしています。そのため、目当ての商品が無くても、入るだけで楽しい気分を味わうことができます。通常の販売店より、ギフトユースの用途での来店が多いのも特徴のひとつです。

ギフトユースから個人ユースへの誘導

ほとんどの新客の来店のきっかけはギフトユースのため、サンプリングを積極的に行い、商品の品質を実感してもらうことで、ギフトユースから個人ユースへとお客様を誘導するCXの構築が成長の鍵となりました。ライフスタイル系のブランドには、年間200アイテム以上 の新商品を発売したりカフェやスパを併設するブランドもあり、新しい価値作りを行っています。

韓国ブランドも人気が出ている

韓国では直営店での展開が基本なので日本でもファッションビ

ギフトユース
お世話になった人などに送るためのプレゼント用途の化粧品。

イソップ（Aesop）
ライフスタイルを近年、注目が高まっているブランド。オーストラリアのメルボルンで1987年に誕生。植物由来成分でつくられたスキンケアボディケア、ヘアケア製品を扱う。男女問わず人気で、おしゃれなインフルエンサーの写真には必ず映りこんでいることで知られるようになった。

サンプリング
無料で商品を配布し、需要を喚起すること。

個人ユース
個人で楽しむための化粧品。

CX
「Customer Experience」の略で、顧客体験のこと。

▶ 直営店のメリット・デメリット

メリット

- ブランド世界観がしっかり作れる

- 棚落ちしないので商品をじっくり育てられる

- 販促物がどんな場所でも自由における

- さまざまなターゲット層（年齢層高い人や男性）にアピールできる

- リアルな店舗があるとブランドの信用度が高くなる

デメリット

- 駅直結・駅近物件のため家賃が高い

- 接客能力が高い人材の獲得競争は激化している

- 社会状況により客が減少すると経営状態が悪化する

- ブランド戦略ができる有能な人材の獲得競争は激化している

- 条件に合った立地を探すのが難しい

ルだけではなく独立店舗を出店しています。

　韓国で最も大きい化粧品会社アモーレパシフィックは、エチュードハウスやイニスフリーなど原宿や表参道など集客力の高い場所に店舗を構えています。韓国さながらの世界観のある店舗デザインで、韓国旅行の疑似体験が味わえることも人気の理由です。

エチュードハウス
アモーレパシフィックが運営するトレンドに敏感な若い女性に人気のメイクアップブランド。

 ONE POINT

マルチチャネル展開を行うロクシタン

　1976年、当時23歳だったオリビエ・ボーサンが、南フランスの自然と伝統を伝えたいという想いからロクシタンを創設しました。植物成分をベースに南仏の工場で生産したスキンケア、ボディケア、ヘアケア、フレグランスなどの化粧品を、南仏風デザインの直営店舗を中心に販売しています。1990年代から世界戦略を展開し、現在世界で約2800店舗あります。日本では直営店舗以外でもホテルのアメニティや、機内販売、空港の免税店、ギフトカタログ、テレビショッピング、Eコマースなどのユニークなマルチチャネル展開でも成功しています。

美容室を専門にしたブランドの今後

美容室専売ブランドと代理店の関係

一般消費者向けではなく業務用のブランドもあります（→P31）。その中でも、特に美容室と取引をする美容室専売ブランドは大きな存在となっています。

美容室の軒数は右肩上がりで令和元年には25万4,422軒あります。これはコンビニより多い数で、メーカーにとって無視できない存在です。

国産の代表的な美容室専売ブランドにミルボン、ナプラ、ビューティーエクスペリエンス、資生堂プロフェッショナル、コタ、日華化学、アジュバンなどがあります。

美容室専売ブランドは、主にヘアカラー剤やパーマ液などのプロフェッショナル用の商品が中心です。

流通方法は直販と代理店経由の2通りあります。代理店経由の場合は、メーカーが代理店に「商品供給」「商品を使用した施術教育」「販売技術の教育」「商品売込み」などを行い、代理店はメーカーに教わったことを美容室に伝授します。

ただし、大手企業の場合はメーカーが直接美容室に商品紹介や施術教育をしているので、代理店営業は同行するだけというケースもあります。

美容室への教育以外にも、代理店は「集金」「新規開拓」などを行っています。他にも、支払いが厳しい美容室の肩代わりでメーカーへの支払いを担うなどの形で、美容室業界を支えています。

一般家庭用の商品にも力を入れ始めている

安定的なサロン経営のために美容室でも物販によるリピートの促進が重要視されるようになりました。

その影響もあって、美容室専売ブランドもシャンプーなどの一般家庭用の商品に力を入れはじめました。

業界最大手のミルボンがコーセーと共同で美容室専売化粧品の製造販売会社を創業するなど、専売ブランドも新しい動きを見せています。

今までは業界の人にしか知られてなかったブランドも、一般消費者からの認知度などが向上し売上拡大が期待されます。

第 2 章

化粧品業界の事情と特色

この章では、身近な販売店である「ドラッグストア」「コンビニエンスストア」「テレビショッピング」「ECモール」における消費者ニーズと店舗の特徴について解説します。後半では、新規参入企業が必ず知っておかなくてはならない「OEM・ODM企業の選び方」「薬機法」「景表法」について詳しく説明します。

販売店ごとに
お客様のニーズは異なる

化粧品は、バラエティストア、ドラッグストア、百貨店、コンビニなどさまざまな販売店で売られています。販売店ごとに来店するお客様の層やニーズなどが異なります。

販売店ごとに来店しやすい客層がある

化粧品を購入するお客様は年齢層や趣向が幅広く、商品に求める価値や特性が多種多様です。そのため、さまざまな特性を持つ商品が各社から販売されています。

特性が異なる商品をターゲット層に届けるために大切なのが、商品とお客様が出会う場である販売店です。

以下のように、ターゲット層によって来店しやすい販売店の傾向があります。

● **高価格帯**

美容意識と可処分所得が高い人がターゲットです。百貨店や専門店などで取り扱われています。施術料が高いエステティックサロンでも高級化粧品を取り扱っています。数千円以上するものが高価格帯になり、なかには10万円を超えるクリームもあります。

● **中価格帯**

トレンドに敏感な女性がターゲットです。バラエティストア、専門店、路面店などで取り扱われています。最近はアパレルブランドが自社ブランドの製品を扱うようになりましたが、それもこのゾーンに属します。2000円を超える価格です。

● **低価格帯**

必需品を買いたい人、ユニークなものをお得に買いたい人がターゲットです。ドラッグストア、GMS、ディスカウントストア、ホームセンター、100円ショップなどで取り扱われています。日本の化粧品は品質が向上しており、数百円でも安かろう悪かろうにならず、高価格帯・中価格帯と併用する人も少なくありません。

路面店
大きな通りに面した店舗のこと。通りから直接入ることができる。

GMS
ゼネラル・マーチャンダイズ・ストアの略。日本語では「総合スーパー」と訳され、日常生活で必要な食料品や日曜雑貨などを総合的に取り扱っている。イオンやイトーヨーカドーなど。

▶ 販売店のポジショニング

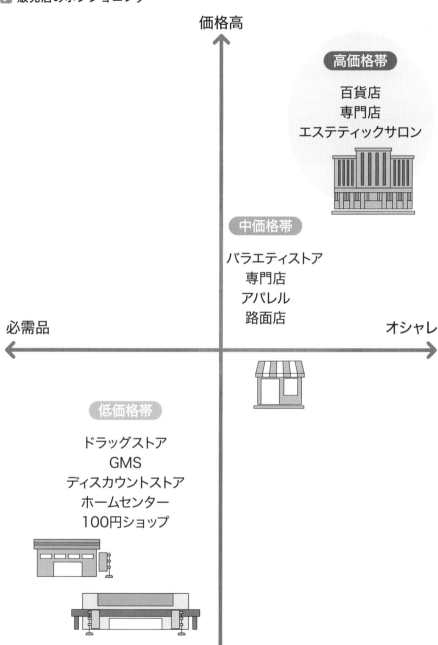

価格高

高価格帯

百貨店
専門店
エステティックサロン

中価格帯

バラエティストア
専門店
アパレル
路面店

必需品 ───────── オシャレ

低価格帯

ドラッグストア
GMS
ディスカウントストア
ホームセンター
100円ショップ

価格低

Chapter2

02

消費者ニーズとチャネルの変化

消費者ニーズに合わせてチャネルも変化しています。薬局に化粧品が並べられるようになったり、百貨店でしか購入できなかった高級品が駅ビルでセルフ販売されるなど、昔では考えられなかった変化が起きています。

📍 組み合わせを楽しむようになった

　1980年代までは、国産制度品ブランドのCMの全盛期でユーザーは美容部員のおすすめに従って特定のブランドでスキンケアからメイクまでを揃える買い方で満足していました。しかし、1990年代以降は消費者自らが最新の情報を収集し、高価格帯からプチプラまでブランドを組み合わせて使うようになりました。

　そんな声に応えてユニークな品揃えに力を入れたのがバラエティストアやドラッグストアです。

　このような流通の変化によって、消費者の間にもっと自由な買い物体験をしたいという欲求が高まりました。専門店や百貨店はブランドごとに区切られて陳列されていて、各ブランドを比較して購入することが難しい上、美容部員の接客を煩わしいと考える人も増えてきました。

📍 百貨店がニーズに応えたのは2010年代以降

セレクティブ
販売員の判断ではなく消費者自身が取捨選択をして選べるような買い方のこと。

セミセルフ
販売員の接客なしで化粧品を変える方式のこと。必要があれば、販売員が相談に応じる。

　百貨店コスメの化粧品を**セレクティブ**に買えるようになったのは2010年代に入ってからで、1990年代から高まった消費者のニーズに対応するのに20年以上かかっています。

　伊勢丹が2012年に**セミセルフ**のセレクトショップ「イセタンミラー」1号店をルミネ新宿にオープンしました。以降、阪急による「フルーツギャザリング」など百貨店が手掛けるセミセルフ業態の出店ラッシュが続きました。2020年に原宿駅前にオープンしたアットコスメ東京では高級品から低価格商品まで200以上のブランドを扱う国内最大級の化粧品店として大きな話題になっています。

▶ 消費者ニーズに適応したチャネルの変遷

国産制度品CMの全盛期で
キャンペーン商品が売れた

百貨店・バラエティストア・
ドラッグストアなどを消費者が
使い分けるようになる

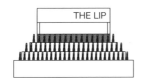

伊勢丹がセミセルフ業態を
オープンするなど
百貨店ブランドが大きく広がる

新型コロナウイルスの影響で
ECのニーズが高まりオンライン接客や
アプリによる肌分析などDXがすすむ

バラエティショップの売れ筋

バラエティストアにもプラザ、ローズマリー、ハンズ、アートマン、ロフトなどさまざまな業態がありますが、それぞれ売れ筋が少しずつ異なります。

プラザは元々輸入雑貨に強いため、トレンド性が高く、おしゃれなものが揃います。プラザで取り扱ってほしいという企業も多いため、プラザ限定品などのユニークな施策も豊富です。

東急ハンズではちょっとマニアックなものも取り扱っています。

ロフトは「コスメフェスティバル」と銘打ち、アジア初の化粧品の限定販売を行うなど 挑戦的な施策に力を入れています。

さまざまな店舗が独自性で勝負をしている

ドンキホーテも化粧品に力を入れており、バラエティストアやドラッグストアとは違う品揃えに力を入れています。人気のアイテムの限定品（デザインや香り違い）などもあります。

アインズ＆トルペは元々はドラッグストアですが、「女性が1時間楽しめる」をコンセプトに、国内外のコスメからビューティケア、ヘルスケア商品まで、幅広く専門性の高い品ぞろえのショップとなっています。

独自の強みを生かして
メーカー化するドラッグストア

ドラッグストアの中でも、セレクト願望やインバウンド需要など時代のニーズに素早く適応したチェーン店は大きく成長しました。近年、それらのチェーン店がオリジナルブランドに力を入れはじめています。

ドラッグストアの歴史

ドラッグストアは1970年代に日本に進出しました。1990年代に入ると、薬だけでなく生活用品も手に入れられる便利さから人気を博すようになりました。

ドラッグストアが化粧品に力を入れたことで日本の消費者は安くても高品質でトレンド性の高い化粧品を近所で気軽に手に入るようになります。

2010年代に入ると、都市型の観光地にあるドラッグストアには中国観光客が多く訪れるようになり、「爆買い」が売上を大きく牽引するようになりました。

ドラッグストアのプライベートブランド

2000年代はじめ、ロート製薬の「肌ラボ」は低価格の機能性スキンケアという新たな市場を創造しました。ドラッグストアというチャネル特性を活かしたブランドです。さまざまな化粧品メーカーがそれに追従した結果、安売り競争も激化し、薄利多売の消耗戦になってしまうという課題が生まれました。そこから脱却するために、**プライベートブランド**（→P52）で利益率向上を狙う戦略をとるドラッグストア企業が増加しています。

なかでもマツモトキヨシは大手化粧品会社並みのマーケティングで市場のヒットをいち早くつかんでいます。

ドラッグストアの強みは、常に最新の販売データを持っていることです。売れ筋商品をいち早くキャッチして、それよりも安価な商品を開発すれば、目立つ棚で大々的に展開できます。ドラッグストアは流通であると同時にメーカーにもなるため、既存の化粧品メーカーと競合関係となる現象が起きうる時代なのです。

アインズアンドトルペ
調剤薬局でありながら化粧品に力を入れているドラッグストア。新宿東口駅前の一等地にある大型店舗、ターミナルの駅ビル店舗を構えている。

▶ 社会ニーズを素早くとらえたマツモトキヨシのPB

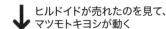

2017 年

医療機関で処方される医療用保湿剤の1つである「ヒルドイド」を
化粧品感覚で使う人が増加

↓

健康保険医療費の財政が圧迫されることが問題となり、
処方が制限される

↓ ヒルドイドが売れたのを見て、
　マツモトキヨシが動く

2018 年

マツモトキヨシが「ヒルドイド」と同じヘパリン類似物質含有保湿クリーム
「ヒルメナイド」を全国の店舗で販売

↓

第2類医薬品なので処方箋なしで化粧品感覚での購入が可能なため、
大ヒットする

◉ ロングセラーブランドの買収

　ドラッグストアがロングセラーブランドを買収するケースもあります。調剤薬局のアインファーマシーズは、2015年には資生堂のアユーラを買収しました。アユーラは1994年に創立したスキンケア、メイク、ボディケアと幅広く展開する資生堂のアウトオブブランドです。

　この買収でアインズアンドトルペでアユーラは最も良い場所に陳列されるなどていねいに扱われるようになり、より多くの顧客層にアプローチできるブランドになりました。

👍 ONE POINT

マルホの新たな動き

「ヒルドイド」を開発したマルホも新たな動きに出ています。2019年にコーセー51%、マルホ49％の共同出資でコーセーマルホファーマを設立しました。肌悩み別にOTC医薬品（処方箋不要で購入可能な要指導医薬品と一般用医薬品）、2020年に医薬部外品、化粧品を開発し、変化する肌状態に合わせてきめ細かく対応できるトータルケアを発売しました。マルホが医薬部外品向けに保水有効成分を他社に供給するのは初めてのことで、化粧品と医薬品のボーダーレス化は今後も注目されます。

Chapter2 04

「緊急購買」から脱したい コンビニエンスストア

コンビニで販売されている化粧品は「緊急購買」の意味合いが強かったのですが、大手各社は「目的購買」をしてもらうために、独自性のあるプライベートブランドの開発に力を入れています。

目的購買を目指して

プチプラコスメ
プチプライスコスメの略。低価格で買える化粧品のこと。

コンビニで販売されている化粧品は「プチプラコスメ」として人気を博しています。価格の安さに加え、手軽に手に入れられるところも支持を集めている理由です。

基本的に消費者にとってコンビニエンスストアは、わざわざ化粧品を買いに行く場所と認識されていません。必要に駆られた「緊急購買」がメインの購入動機となります。

近年、そんな流れを変えようと、コンビニ各社はプライベートブランドに力を入れ始めています。

化粧惑星
2001年から2010年まで資生堂が子会社のオービットを通じて販売していたコンビニ専用化粧品のシリーズ。旬の有名タレントを起用した豪華なCMやユニークな商品群で販売中止を惜しむ声も多かった。

資生堂はコンビニ専用ブランド「化粧惑星」の販売終了後、2015年からコンビニ各社と一緒に限定商品を発売する取り組みを行っています。たとえば、セブン-イレブンとはUNO・AGブランドのようにブランドごとに協業を行っています。

この数年、コンビニ各社はラインナップで揃えたプライベートブランドを立ち上げる動きが活発化しています。

企画はコンビニエンスストアが行いますが、開発や製造に関しては各化粧品会社に委託する形で行います。

化粧品会社のメリット・デメリット

コンビニエンスストアで化粧品を売るメーカーのメリットは、競争の激しいコンビニスペースを確保できることです。

ただし、自社の製造品を安く売ることにもなるため、ブランド価値の低下を招く可能性もあります。

メリットとデメリットを天秤にかけて、判断する必要があるのです。

▶ 全国のコンビニエンスストア数推移

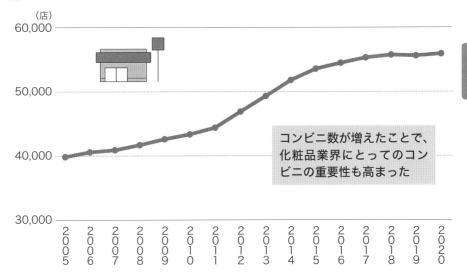

コンビニ数が増えたことで、化粧品業界にとってのコンビニの重要性も高まった

▶ コンビニ各社のプライベートブランド

コンビニ	動向	商品例	特徴
セブン-イレブン	昔から最も積極的に展開している	DHCプチシリーズ コーセー 雪肌粋 パラドゥ （ピアスグループ）	さまざまな化粧品会社と連携
ローソン	2020年に新しい動きを展開	ナチュラルローソンスキンケア （ファンケルが製造）	無添加・安心安全が特徴
ファミリーマート		sopo （ノイン）	トレンドメイク

📍 プライベートブランド以外の展開方法

　ローソンと資生堂はブランド「インテグレート」を共同開発しました。ただし、これはコンビニのプライベートブランドではありません。ローソンのみの限定品もありますが、資生堂の公式通販などから購入できる商品もあります。

　セブン-イレブンで販売されている「雪肌粋」も、コーセーと共同開発されたものです。

Chapter2 05

テレビ放送は今後も有力なチャネルであり続ける

テレビには、ショッピング専門チャンネルやインフォマーシャル、テレビ通販などがあります。丁寧でわかりやすく心に訴えかける説明やビフォーアフターの映像などの説得力が売上を後押しします。

昼間と深夜の売上が多いショッピング専門チャンネル

ショッピング専門チャンネル
24時間365日生放送の「ショップチャンネル」と「QVC」が二大巨頭とよばれている。

ショッピング専門チャンネルでも化粧品は売上シェアが高くなっています。顧客は9割が女性で、中心年齢層は40～60代です。最も注文電話が多い時間帯は、深夜の0～1時と昼間の12～13時。仕事から帰ってきて一息つける時間、子供が寝た後の主婦の自由時間となることが多く、深夜に買い物をすると言われています。

化粧品業界に新規参入する企業にとって、ショッピング専門チャンネルは魅力的な販売チャネルです。既存顧客や広告宣伝費に乏しくても、ショッピングチャンネルの番組内で取り扱ってもらうことで認知度や売上の向上を期待できます。

しかしながら、成功するためには長い道のりが必要です。最初はあまり視聴者がいない時間帯から始まり、人気が出た時に初めて視聴者が多い時間帯に枠がもらえるようになります。売れ行きの悪いメーカーはそれ以降番組に出られなくなるなど非常にシビアな世界です。逆に長年のリピート客を獲得したメーカーは、特別扱いされるなど人情味もあると言われています。

地上波放送の視聴者の年齢層は高い

インフォマーシャル
一般的なCMが15～30秒程度なのに対して、インフォマーシャルは60秒以上のものを指す。長いものだと29分に及ぶこともある。情報番組風に商品を使用した体験者の感想などを盛り込むことで、商品への信頼度を高めている。深夜から早朝にかけての時間帯に流れていることが多い。

テレビ通販やインフォマーシャルは、24時間放映しているショッピングチャンネルよりも視聴者の年齢層が高いため、アンチエイジング化粧品が多く扱われています。

特に地上波放送は一般消費者に与える影響が大きいため、表現の規制が最も厳しい媒体です。シミやシワに対する効果を直接伝えることは難しいため、企業はさまざまな工夫をしています。

▶ ショッピングチャンネルの売上高

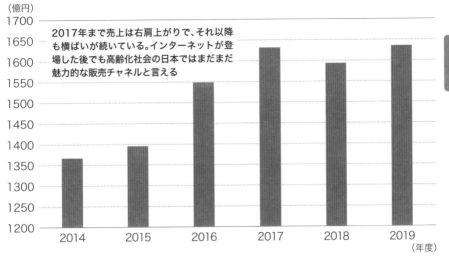

2017年まで売上は右肩上がりで、それ以降も横ばいが続いている。インターネットが登場した後でも高齢化社会の日本ではまだまだ魅力的な販売チャネルと言える

※ジュピターショップチャンネル「有価証券報告書」(2014〜2019)より作成

▶ 直接売上を上げる広告の種類

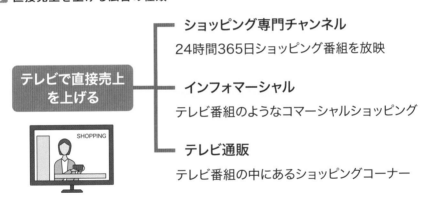

テレビで直接売上を上げる

ショッピング専門チャンネル
24時間365日ショッピング番組を放映

インフォマーシャル
テレビ番組のようなコマーシャルショッピング

テレビ通販
テレビ番組の中にあるショッピングコーナー

 ONE POINT

テレビ局ごとに広告進出の難易度がある

広告の価格や審査基準はテレビ局の規模ごとに異なります。「地上波キー局」や「BS局」は価格も高く広告の審査基準も厳しくなっています。広告の内容だけではなく、企業そのもの（売上規模や認知度や創業年数）などでも審査されるため、広告出稿の難易度が高めです。ローカル局などは価格も安く広告の審査もゆるいところがあります。そのため、最初はローカル局から進出を始める企業が多いのです。

ECモールで化粧品が買いやすくなった

Chapter2 06

ECモールと大手化粧品会社が正規の取引を行っていなかった時代、ECモールでは横流しの化粧品業者からしか買うことができませんでした。ECモールと大手化粧品会社の協業により、正規製品が購入しやすくなっています。

サードパーティとの取引の増加

近年、Amazonや楽天市場などでの化粧品販売が活性化しています。ECモールに出店している販売業者の中には、直接メーカーと関係のない**サードパーティ**も少なくありません。

サードパーティは横流し品を出品することが多くありました。その中には古い品物や偽物があったり、割高な送料で販売されるなど、消費者にとってはデメリットも多かったのです。

現在は大手化粧品会社もECプラットフォームと取引をするようになったため、ECモールでも正規品が正規価格で手に入りやすくなりつつあります。

ECモールでさまざまなブランドの化粧品を比較・検討しながら購入が可能になると、消費者にとって非常に利便性が高くなるでしょう。

サードパーティ
第三者という意味で使われている言葉。

楽天の新しい動き

「楽天市場」では、新しい試みを次々と行っています。ブランドの公式店舗を集約して掲載する「Rakuten Luxury Beauty」を設け、スタート時点で国内外の16ブランドの公式店舗が販売する約1800点の商品を掲載しています。

また、テストマーケティング段階の商品を紹介する「クリエイターズ商品」という試みをスタートしました。企業が今までにないユニークな商品を考えたら、本格的に販売する前にここに出店し、実際に商品化するかどうかテストできます。

海外化粧品が購入しやすくなった

海外メーカーの化粧品をECモールで越境通販する人も増えています。ebay japanが運営するQoo10は頻繁にセールを行って

▶ 代表的なECモール

ECモール	特徴
楽天	ECモールの中で日本一の流通額と言われている。化粧品ブランドの公式店舗を集約して掲載している
Amazon	世界で最も有名なECモール。日本以外にも市場を持っているため海外通販も可能である
Yahoo!JAPAN	Yahoo!ショッピング、ヤフオク!などを運営しており、化粧品にも力を入れている
メルカリ	フリーマーケットアプリで、ユーザー同士の化粧品のやりとりが行われている。メルカリの登場で、中古化粧品を購入する人が増えた（P162参照）
ZOZOTOWN	衣類の流通で有名だが、化粧品にも力を入れはじめた。肌の色を計測して、接客無しでも似合うファンデーションの色がわかるZOZOGLASS（ゾゾグラス）を無料配布している

いるため、若い世代に人気です。韓国コスメブームも追い風になっています。さらに、インフルエンサーがSNSでQoo10や
iHerbなどの海外通販サイトを紹介することが利用者増加の理由です。

　もちろん、海外輸入サイトの利用にはリスクもあります。本物か偽物かなどの判断は通販では難しいうえ、化粧品の偽物技術が巧妙化しています。アメリカでは、偽ブランド品のメイクアップ商品による皮膚トラブルがここ数年で急激に増えたと医師が警鐘を鳴らしています。

 ONE POINT

ECモールで購入できないラグジュアリーブランド

　シャネルを筆頭にラグジュアリーブランドは、ほとんどのECモールでは購入することはできません。ブランドの世界観を大切にしており、ブランド価値を崩さないようにするためです。
　公式サイトで購入すると、ブランドロゴ入りのボックスやリボンなどで贅沢に梱包された化粧品が届きます。ECで購入しても、店舗で購入したかのようなワンランク上の体験ができるように設計されているのです。

新規参入が多いわりに
成功する企業は少ない

化粧品業界は参入障壁も原価率も低く、収益性が高いように見えるため、新規参入企業が年々増加しています。ところが実際に成功している企業はわずかで、生き残ることは至難の業なのです。

薬事法改正がきっかけとなる

化粧品業界は異業種の参入が多いビジネスで、特に薬事法が改正された2000年以降に活発化しました。異業種の大手企業が自社技術を転用してスキンケアの分野に進出しています。

富士フイルムは化粧品業界に参入してわずか4年で売上高100億円を突破しました。ロート製薬は、総売上のうち化粧品の占める割合が約7割となっており、もはや化粧品会社の1つに数えてもいいほどに成長を遂げています。

2020年前後になると、IT企業やアパレル企業が自社のマーケティング力を活かしてメイクアップ分野へと進出するようになりました。たとえば、サイバーエージェント系列のNオーガニック、アパレルのサザビーリーグ、スナイデルなどが続々と参入しました。

生産と在庫管理の難しさ

新規参入は右図のようにポジティブなイメージを持たれがちですが、実際は難しい調整が必要になります。生産と在庫管理のマネージメント力がビジネスの鍵を握ります。

たとえば、ロット数が多ければ多いほど原価は低く抑えられますが、その分在庫を持つ必要があります。逆に、ロット数を抑えると売り切れのリスクもあります。OEM会社に再発注しても数ヶ月のブランクが空くため、その間に人気が落ちて、増産品が丸ごと売れ残ることもあるのです。

新規参入企業商品のリピート率は低い

新規参入企業が生き残るのは想像以上に困難です。

Nオーガニック
国産の自然派ブランド。Nには「Natural」「Noble」「Neutral」という3つの考えが込められている。

サザビーリーグ
バッグ・アクセサリー・生活雑貨・衣料品などを手掛け、ライフスタイルを提案するブランド。

スナイデル
マッシュスタイルラボが展開するレディスブランド。

ロット数
1回で生産する製品数量のこと。

▶ 化粧品業界の理想と現実

異業種から見た化粧品業界のイメージ

①イメージがよい

②原価率が低くて儲かりやすい

③中国をはじめとするアジア諸国で日本製化粧品が人気

④自社工場を持つ必要がなく参入障壁が低い

⑤小さいので在庫管理が容易

⑥自社のビジネスを有効活用できる

実際に参入
してみると…

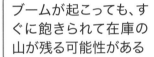

実際に参入した化粧品業界の現実

| 生産と在庫管理のバランス調整が難しい | ブームが起こっても、すぐに飽きられて在庫の山が残る可能性がある | 中国で成功するためには投資が必要 |

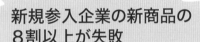

新規参入企業の新商品の8割以上が失敗

　特に、メイクアップ化粧品は原価率が高く、リピートされにくい商材のため、ビジネスを軌道に載せるのは非常に困難です。実際のところ、新規参入企業の新商品のリピート率は1〜2割程度しかありません。

　SNS映えするので、短期的に話題にすることはできます。しかし、ブランドの独自性や品質へのこだわりがなければ、一瞬で飽きられてブームが過ぎ去ってしまい、ブランドを育てる間もなく事業撤退というケースも非常に多いのです。

　「参入するのは簡単でも、売り続けるのが難しい」のが化粧品業界の実態と言えます。

新規参入企業にとって重要な OEM・ODM企業の選び方

異業種から新規で参入する企業は、まずどのOEM企業と組んで仕事をするか決める必要があります。OEM企業にはそれぞれ得意・不得意があるため、自社の方針に合った企業を選ぶ必要があります。

OEM企業は大事なパートナー

異業種から参入する際に、自社で化粧品を製造できる会社はほとんどありません。そこで、新規参入企業に代わって製品をつくってくれるのがOEM企業です。ものづくりをする上での重要なパートナーとなります。

OEM企業は市場を伸ばしており、たとえば化粧品OEMでもありODM企業としても最大手である日本コルマーは、国内7工場・5研究所体制で、取引先は500社を超えています。2021年3月期売上高は中国2工場を含む連結で500億円を超える規模になりました。

ODM企業という言葉が使われ始めたのは2011年頃からです。従来のOEM企業が製品の生産と製造のみを行っていたのに対して、ODM企業は企画、仕様、設計、開発まで行います。

OEM企業は競合他社との差別化をはかるために、ODMの業態に移行する企業が増えているようです。

OEM企業を選ぶポイント

OEM・ODM企業もさまざまな会社があり、得意分野なども異なります。OEM企業は、自社工場で生産するタイプ・協力工場で生産するタイプ・どちらも行うタイプの3種類に分かれます。

OEM企業を選ぶときは、想定外のトラブルに耐えられるかどうかが重要な基準です。以下のようなトラブルが考えられます。

● 発注量が増えた場合に、工場の規模が小さく対応できない
● 原料メーカーからの原料供給に制約がかかる
（例：コロナによるアルコールの供給難など）
● 日本で工場が1つしかない場合に、**災害リスク**などが生じる

OEM企業
OEMはoriginal equipment manufacturerの略。他社ブランドの製品をつくる企業のこと。

災害リスク
大規模な災害などへの予防対策、あるいは発生時の緊急措置体制が整備されていないことにより損失を被るリスク。

▶ 化粧品OEM企業の市場規模

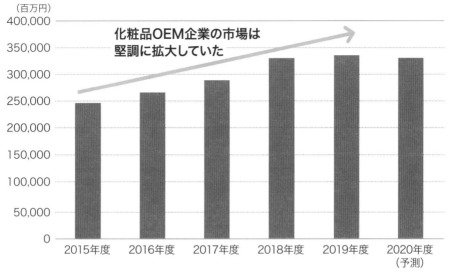

化粧品OEM企業の市場は堅調に拡大していた

（百万円）

※出所：（株）矢野経済研究所「化粧品受託製造市場に関する調査（2020年）」2020年7月29日発表

▶ OEM・ODM企業選定のチェックポイント

☐ つくりたいと考えるジャンルの商品の品質をかなえてくれるのか

☐ 品質管理体制・薬事・特許・容器デザイン・医薬部外品の商品化可否・輸出など、どこまで対応できるのか

☐ 最低ロット数はどれくらいなのか

☐ 原価はどれくらいになるのか

☐ 納品までの時間はどれくらいなのか

☐ 想定外のトラブルに耐えうるか

▶ OEM企業タイプ別のメリット・デメリット

	メリット	デメリット
①自社工場で生産タイプ	コストがおさえられる	自社の生産能力以上の受注はできない
	強みに集中できる	工場運営の設備投資・維持費・人件費がかかる
	知財が蓄積できる	
②自社で工場を持たず協力工場で生産タイプ	幅広い要望にこたえられる	コストが高くなる
	工場運営の設備投資・維持費・人件費が必要ない	強みや価格優位性がないため営業力と企画力が優れている必要がある
③自社工場＋協力工場タイプ	幅広い要望にこたえられる	工場運営の設備投資・維持費だけではなく、営業人材・企画人材・生産技術など幅広い分野で人的リソースが必要
	自社の生産能力以上の受注が可能	

Chapter2 09

効能の範囲を逸脱した表現は「薬機法」違反になる

化粧品の広告では、薬機法の範囲を超えた表現は規制の対象となります。薬機法はメーカーだけでなくライター、アフィリエイター、インフルエンサーなどの一般人も対象となるなど規制が厳格化しています。

● 薬機法の規制対象となる表現とは

　化粧品ビジネスの広告において大切なのは薬機法（医薬品医療機器等法）を守ることです。薬機法は、化粧品、医薬部外品、医薬品、医療機器、再生医療等製品の運用について定めています。

　薬機法では、第66条で誇大広告等を行うことを禁止しています。特に医薬部外品など、承認を必要としない化粧品の効果効能については、右図の「効能の範囲」で記載するよう規制されています。コピーライティングのために、言葉を言い換えることは可能ですが、言い換えを超越した表現は薬機法違反となります。「シワが消える」「たるみを治す」「若返る」「毛穴が消える」「白くなる」などは規制の対象です。

　また、「シミ」は医薬部外品でしか使えない表現なので、化粧品がシミへの効能を謳うのも禁止されています。

シミ
「シミが消える」「シミがなくなる」などの表現は使えない。

● 一般人も規制の対象になる

　注意が必要なのはメーカーに勤務していない人であっても、上記の範囲を超えた宣伝行為をInstagram、Twitter、YouTube、ブログなどで行うと法律に抵触することです。ライターやインフルエンサー、アフィリエイターも規制の対象になります。そのため、リスクの高いスキンケアのPR案件は受けないインフルエンサーも増えています。2019年12月の改正（2021年8月1日施行）では、これまでよりさらに厳格化しました。

　以前は「有名になって規模が大きくなるまでは、薬機法は無視。都や県に怒られたら謝ればいい」という強引な手法で育ったブランドもありました。今後はその手法は取れないため、急成長するために意図的にグレーな手段をとる新興企業は減るでしょう。

▶ 薬機法第66条で定める効能の範囲

類別	効能の範囲
頭髪用化粧品類	(1) 毛髪の水分、脂肪を補い保つ。
	(2) 頭皮、毛髪にうるおいを与える。
	(3) 頭皮、毛髪をすこやかに保つ。
	(4) 毛髪をしなやかにする。
	(5) 裂毛、切毛、枝毛を防ぐ。
	(6) 毛髪の帯電を防止する。
	(7) フケ、カユミを抑える。
洗髪用化粧品類	(1) 頭皮、毛髪を清浄にする。
	(2) 頭皮、毛髪をすこやかに保つ。
	(3) 毛髪をしなやかにする。
	(4) フケ、カユミがとれる。
化粧水類	(1) 肌荒れを防ぐ、キメを整える、日やけを防ぐ。
	(2) 肌をひきしめる、清浄にする。
	(3) 皮膚にうるおいを与える。
	(4) 皮膚をすこやかに保つ。
	(5) 皮膚を柔らげる。
	(6) ひげそり後の肌を整える。
	(7) 日やけによるシミ、ソバカスを防ぐ。
クリーム乳液類	(1) 肌荒れを防ぐ、キメを整える、日やけを防ぐ。
	(2) 日やけによるシミ、ソバカスを防ぐ。
	(3) 肌をひきしめる、清浄にする。
	(4) 皮膚をすこやかに保つ。
	(5) 皮膚にうるおいを与える、柔軟性を保つ。
	(6) 皮膚を保護する、乾燥を防ぐ。
	(7) ひげそり後の肌を整える。
パック類	(1) 肌を滑らかにする、清浄にする。
	(2) 皮膚をすこやかに保つ。
	(3) 皮膚にうるおいを与える。
	(4) キメを整える。
	(5) 肌にはりを与える。

類別	効能の範囲
ファンデーション類	(1) 皮膚を保護する、乾燥を防ぐ。
	(2) 日やけを防ぐ。
	(3) 日やけによるシミ、ソバカスを防ぐ。
白粉打粉類	(1) 日やけを防ぐ。
	(2) 皮膚を保護する。
	(3) 日やけによるシミ、ソバカスを防ぐ。
	(4) あせもを防ぐ(打粉)。
口紅類	(1) 荒れを防ぐ、キメを整える。
	(2) 口唇にうるおいを与える、滑らかにする。
	(3) 口唇をすこやかに保つ。
	(4) 口唇を保護する、乾燥を防ぐ。
眉目類化粧品類	皮膚にうるおいを与える、すこやかに保つ。
爪化粧品類	爪を保護する、すこやかに保つ。
浴用化粧品類	皮膚を清浄にする。
化粧用油類	(1) 肌荒れを防ぐ。
	(2) 皮膚にうるおいを与える、柔軟性を保つ。
	(3) 皮膚をすこやかに保つ。
	(4) 皮膚を保護する。乾燥を防ぐ。
	(5) 日やけを防ぐ。
	(6) 日やけによるシミ、ソバカスを防ぐ。
洗顔料類	(1) ニキビ、アセモを防ぐ。
	(2) 肌を整える。
	(3) キメを整える。
	(4) 皮膚を清浄にする。
石けん類	(1) 皮膚を清浄にする。
	(2) キメを整える。
歯みがき類	(1) ムシ歯を防ぐ、歯を白くする、歯垢を除去する。
	(2) 口中を浄化する。
	(3) 口臭を防ぐ、歯のやにを取る。
	(4) 歯石の沈着を防ぐ。

Chapter2
10

虚偽や誇大広告で消費者に誤認させると「景表法」に違反する

広告をつくる際は、薬機法に加えて景表法についても注意する必要があります。違反しても商品が販売中止になることはありませんが、情報が公開されるため信頼を失い企業価値が低下してしまいます。

実際より優れてると誤認させてはいけない

　薬機法の他に化粧品ビジネスで考慮すべきなのが景表法（景品表示法）です。不当表示広告と景品を取り締まる法律で、実際よりも優れていると一般消費者に誤認されるおそれがある表示は景表法違反となります。広告やパッケージの表記の問題なので、違反したとしても商品の販売中止や業務停止が命じられることはありません。しかし、違反のペナルティを受けることにより、お金や手間がかかることはもちろん、信用（ブランド資産）も失い、企業価値が大きく低下します。

景表法違反にあたる表現

　化粧品広告の現場では知恵を振り絞り、なんとか法律に抵触せずにインパクトある表記ができるのかを日々考えています。

　たとえば化粧品の広告では、「世界初」「日本初」「世界1位」「日本1位の○○」といった言葉を多く見かけます。

　このような言葉はインパクトがあるため、特にブランド認知度やお金がない新興企業にとって高い広告効果が見込めるでしょう。

　しかし、このような表現には客観的根拠が必要です。根拠がない場合は景表法違反となります。信頼性が高く、よく使われる根拠には、インテージのSRI＋®(全国小売店パネル調査)などがあります。メーカーがネット調査会社を使って独自調査をしたデータを客観的根拠とすることもあります。Amazonや楽天のランキングが使用されることもありますが、深夜の限られた時間だったというケースもあります。また、企業独自の調査の場合は統計上で「誤差の範囲」で厳密には1位と言えないという信憑性が低いデータもあります。

SRI＋®(全国小売店パネル調査)
インテージがスーパーマーケット、コンビニエンスストア、ホームセンター・ディスカウントストア、ドラッグストア、専門店など全国約6,000店舗より収集している小売店販売データ。さまざまなジャンルで、売上No.1などのキャッチコピーをエビデンスに使用されることが多い。

▶ 景表法違反のリスク

製造コスト増大リスク	指摘された表示が書かれているパッケージの在庫品は処分し、訂正したパッケージで出荷しなくてはならない
評判失墜リスク	措置命令が出されると、訂正広告を新聞（全国紙）やHPに出さなければならない。インターネットの検索に残るためマイナスのイメージが長引くこともある
返品コスト増大リスク	商品の返品・返金を受けなければならない

▶ 景表法と薬機法の違い

景表法		薬機法
消費者庁・国民生活センター・都道府県庁・消費者センター	管轄	厚生労働省・都道府県庁・警察
一般消費者に誤解を与えるような表示を規制する	目的	一般消費者の安全を守る
効果効能の根拠のない虚偽や誇大広告を規制する	規制内容	医薬品と誤解させないように、表現できる効果効能の範囲を定める
注意・改善命令・措置命令・課徴金支払い命令	罰則	行政指導・刑事罰

ONE POINT

景品表示法の運用管理

景品表示法は、1962年に独占禁止法の特別法として制定され、公正取引委員会が運用してきました。しかし、2009年9月に消費者庁が発足したため、所轄もそちらに移り、国だけではなく地方自治体も処分することが可能になりました。

化粧品通販会社もブランド力が勝負

化粧品通販会社の2つのタイプ

化粧品通販会社で売上規模が大きい企業は、2つのタイプに分かれます。ファンケルやDHCのように「企業名がブランドとして有名なメーカー」と「単品の知名度が高いメーカー」です。

ブランドとして強いメーカーには、製薬会社からうまれたアンチエイジングスキンケアの再春館製薬、クリニックから生まれたドクターズコスメのドクターシーラボ、フェミニンな印象の自然派コスメのアテニアなどがあります。

商品の知名度が高いメーカーには、オールインワンスキンケア市場でのNo.1の売上記録を訴求している新日本製薬、「スクワランオイル」で有名なハーバー、温感クレンジング「マナラ」を売り出したランクアップ、クレンジングバーム「DUO」が大ヒットしたプレミアアンチエイジングなどがあります。

オルビスがブランド力強化に力を入れた理由

無油分、無香料、無着色のエイジングケアで有名なオルビス（ポーラ・オルビスホールディングス）は、ファンケルやDHCに匹敵する売上を誇っています。

オルビスはオイルフリーのコンセプト化粧水が有名で、化粧品以外に、「ダイエット」「健康食品」「ボディウェア」などが買える総合通販のイメージが根付いていました。

しかし、2018年よりブランディングを行い、より洗練されたイメージをつくりあげることで、新たなブランド価値を創造しています。

具体的には、スマートエイジング（自分らしく美しい肌年齢を重ねていくこと）の実現を掲げてブランド力を強化しました。体験型店舗「SKINCARE LOUNGUE BY ORBIS」の出店やテクノロジーを活用した「AI未来肌シミュレーション」の提供など、新しい顧客体験の創造に挑戦しています。

第3章

化粧品会社の
組織と部門

デジタル化やグローバル化が進み、化粧品会社の雇用形態は大きく変化しました。新卒一括採用での雇用システムから、スペシャリスト人材の確保のために海外のようなジョブ型雇用への移行を試みているのです。この章の前半では、このような化粧品業界の雇用形態の変化や組織について、後半では就職活動で特に人気がある「商品開発部」「研究所」「PR部門」の仕事について解説をします。

Chapter3 01

メンバーシップ型雇用から
ジョブ型雇用への移行

これまでは、日本の多くの企業同様に、化粧品会社の多くもメンバーシップ型雇用を採用していました。最近では、デジタル部門や国際部門でのスペシャリストを確保するため、ジョブ型雇用を一部取り入れる企業も増えています。

スペシャリストが育ちにくい日本

　会社の雇用形態には、メンバーシップ型雇用とジョブ型雇用の2種類があります（右図参照）。

　化粧品業界ではマーケティング、商品開発、デジタル部門が企業成長の鍵を握りますが、日本で採用されているメンバーシップ型雇用では、これらのスペシャリストを育成できません。

　従来の大手化粧品会社の採用システムでは、マーケティングを希望する学生であっても入社時は多くの人が営業からキャリアをスタートしていました。マーケティング部門に転属できるのは営業成績で結果を残した人材のみ。マーケティングの資質がある人が不向きな営業をやり、営業で優秀な成績を収めた人が興味のないマーケティング部門に転属になるなど、苦労するケースも少なくありませんでした。

ジョブ型採用が増えている

　外資系の化粧品会社はジョブ型雇用なので、スペシャリストの雇用に力を入れることが可能です。

　日本の大手化粧品会社も、グローバルな競合企業と対等に戦うために、ジョブ型雇用への移行を進めました。

　たとえば、花王の2020年卒の事務系採用では、マーケティング、情報システム、ロジスティクス、経理など専門性を求めるスペシャリティコースと、入社後に適正を踏まえて配属される総合職コースの2つのパターンを取り入れました。

　資生堂は、欧米のジョブ型雇用をそのまま採用するのではなく、独自の人材マネージメントを行っています。たとえば社員は入社後に自分の持つ専門性や職務経験などを考慮したうえで、営業・

▶ 会社の雇用形態

メンバーシップ型雇用

人に対して仕事を割り当てる方式

- 配置転換が頻繁に起こる
- 職務の幅を広げ、多面的な能力を高めることができる
- 日本で主流の雇用形態

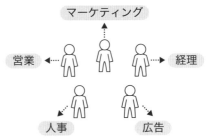

ジョブ型雇用

仕事に対して人を割り当てる方式

- 配置転換はあまり起こらない
- 専門的な能力を高めることができる
- 欧米で主流の雇用形態
 （最近は、日本でも採用され始めている）

開発・マーケティングなどおよそ20の部門から希望するポストを会社側に伝えることができるようになっています。

　最近ではデジタル広告に強い人材や**データサイエンティスト**、海外市場に強いマーケターなど、新卒採用の人材ではカバーしきれないスペシャリストの中途採用が活発化しています。今後も大手企業の人事組織の戦略は、時代に応じて変化するでしょう。

データサイエンティスト
大量のデータ（ビッグデータ）から必要な情報を抽出して、分析・活用できるプロフェッショナルのこと。

 ONE POINT

グローバル企業のスペシャリスト人材

ロレアルは社外に広く新商品のアイデアを募る「BRANDSTORM」というイベントを行い、アイデアを発案した人を社員として迎えています。
また、P&Gは、マーケティングにおいて世界最高峰の企業と言われています。P&G出身者がさまざまな業界でCMOとしてヘッドハンティングされるなどマーケティング業界で活躍しており、P&Gマフィアと評されています。

化粧品会社における組織の構成

大手企業では組織戦略が売上に大きな影響を与えるため、大きな組織編成が頻繁に行われています。中小企業の場合は組織の垣根が曖昧で、若手社員であってもさまざまな業務を兼務しているケースも少なくありません。

指示系統が明確になってることが理想

化粧品業界において、組織の構成は非常に重要です。理想は、指示系統が明確になっていること。

経営層は企業価値向上のために中長期の計画を立て、マーケティング部門は、それを実現するためのプランを立てて、各部門と連携を行います。

売上鈍化の原因が組織であることも

売上が順調に伸びていた企業でも、ある程度の売上に達すると成長が鈍化することがあります。

こういった場合、「商品」が原因だと考えられがちですが、本当の原因が「組織」にあることも珍しくありません。

大手企業の場合は、各部門ごとに細かく作業が割り振られているため、効率性が高まります。ただし、部門間のコミュニケーションが円滑に行われにくくなり、創造性が低下しがちです。コミュニケーションがうまくいかないことが、成長の妨げになっているケースがあります。

一方で、中小企業の場合は、経営プランがきちんと作られていない、マーケティング部門が機能していないなどの課題が多く見られます。戦略部門が存在せず、現場の担当者が意志決定をするため、持続的なブランド価値の創造よりも短期的な売上獲得を重視してしまい、ある時点で成長が止まってしまうのです。

人材の流動性については、大手企業は他会社からの転職は少なく、ある程度の役職以上になると競業避止義務がかけられることもあります。中小企業の場合は、外資系や中小企業間での転職は自由な傾向があります。

競業避止義務
所属する企業に不利益となる競合行為を禁止すること。退職後に競合他社に転職することを禁じられることもある。

▶ 化粧品会社のさまざまな職種

マーケティング部門

商品企画	経営計画をもとにブランドや商品を企画。新製品や廃盤商品の計画、ブランドリニューアルなどの検討
CS	お客様からのお問い合わせや相談への返答。相談業務は外注することもある
宣伝	広告宣伝の立案、広告代理店などとの交渉
販促	販促の立案、販売什器やサンプルなどの製作
PR	メディアや美容ジャーナリストへのPR活動
商品開発	研究所やOEM会社と一緒に商品の開発の具現化
デザイン	商品のデザイン。社内にデザイナーを要する場合もあるが、外注することもある

品質部門

研究	基礎研究、処方開発、安全性研究
生産	生産体制の構築。売上計画を元に生産

販売

美容部員	美容部員や美容部員の教育など
営業	販売店や代理店、流通との交渉

管理部門

経理、財務、広報などバックオフィス部門

Chapter3 03

「商品開発部」は化粧品会社の中枢

ヒット商品をつくるためにはクリエイティブ能力の高い人材が必要です。しかし、企業の規模が大きくなると、社内外のステークホルダーとの交渉事が多くなるため、創造力より調整能力の高い人が出世しがちです。

化粧品会社の中枢を担う業務

商品開発は、化粧品会社の中枢を担う業務です。

中小企業の場合、商品企画と商品開発を一緒に行うこともありますが、大手企業では部門が別々に振り分けられています。

● 商品企画

ブランド戦略や販売企画、広告戦略などを行います。

● 商品開発

研究所、OEM企業（→P60）、デザイン、生産、購買の担当者など、ものづくりに関係する関連部署やステークホルダーとのやり取りをメインに行います。中小企業の場合はそのすべてを一人が担うことも少なくありません。

ステークホルダー
企業が直接・間接的に影響を受ける利害関係。

論理的思考能力や根気強さが求められる

商品開発に対して、華やかなイメージを持っている人も多いでしょう。しかし、この業務には、「論理的思考力の高さ」「根気よく考える粘り強さ」などが求められています。華やかなイメージと真逆の地味な作業の連続なのです。

商品開発は、理想通りに進むことはありません。どの部分を妥協し、どの部分に徹底的にこだわるかが重要となります。

たとえば、「艶がある」「落ちにくい」「のびが良い」「とろけるようになめらか」「柔らかい」「刺激がない」「うるおいが持続する」「発色がよい」「透明感がある」「低価格で買える」……このようなすべての条件がそろった口紅をつくろうとしても不可能です。

柔らかさを実現しようとしたら、折れやすくなったり、温度変化で変質します。落ちにくさを実現しようとしたら、渇きやすくなります。

▶ 化粧品開発の理想と現実

理想 ⟷ **現実**

理想		現実
自分が欲しい化粧品をつくる		ターゲットが欲しい商品を見つけ出して実現する
色々なアイデアを実現できる		色々な問題を解決する
自分の感性を膨らませる		関連各部署を説得して動かす
理想の品質をつくる	⟷	決められた原価やスケジュールに収まるように品質をつくる
世の中にない新しいコンセプトを訴求	⟷	薬機法で新しいことが言えない
イメージのよいネーミングをつける	⟷	他社が商標を取得していないネーミングに一苦労

発色を良くしようとしたら唇にべったりついてしまいます。

このように、物理的に両立が不可能な中で「マイナス点をどこまで許容し、どこに徹底的にこだわるか？」という選択と集中の判断の積み重ねが、化粧品の品質をつくります。

化粧品に詳しい人が、企画や開発をする上で優秀とは限りません。感度の高さやセンスがあるほうがもちろん有利ですが、社内組織の人間としてステークホルダーマネジメントが主な業務のため、バランス感覚が必要な職種だからです。

 ONE POINT

ヒット商品の品質改善

ヒット商品の売上が低迷期に入ると、リニューアルを検討しなくてはなりません。売上拡大のインパクトを狙えるような品質改善をどのように行うか考えるのも大事な業務です。決められた規制やその商品の傾向から逸脱することない範囲で、これまでの商品よりも売れる企画、品質を考えてリニューアルすることも商品開発担当者の重要な仕事なのです。

Chapter3 04

「研究所」への就職は狭き門

化粧品の研究者は、特に女性の理系学生に人気の高い職業です。しかし、研究所を有しているのは、大手化粧品会社やOEM企業など一部にすぎず、非常に狭き門となっています。

研究所で行う3つの業務

化粧品の研究所には以下の3つの業務があります。

- **基礎研究**……有効成分や皮膚科学研究
- **処方開発**……処方の開発
- **安全性研究**……品質の研究や分析

これらの業務を行うには、「科学的な考え方」「信念」「プロセスを重視する姿勢」などの能力が必要です。この能力を持つ人材は研究部門以外の部署でも引く手あまたですから、本社勤務になることもあります。たとえば、商品開発、品質保証、サプライチェーンマネジメント、法務などに配属されます。

ほとんどの化粧品会社は研究所を所有していない

化粧品の研究職は、理系学生に人気の高い職業の1つです。

しかし、ほとんどの化粧品会社は研究所を所有しておらず、OEM企業（→P60）に研究を委ねています。研究所を所有しているのは、大手化粧品会社またはOEM企業のみとなるため、化粧品会社の多さと比べると狭き門です。

研究の専門性の高さは企業価値の高さに結びつくので、各社研究員は積極的に学会などに参加しています。また、大学や海外の研究機関との共同研究も積極的に行っています。

学会
SCCJ（日本化粧品技術者会）、日本香粧品学会、日本皮膚科学会、IFSCC（国際化粧品技術者会連盟）など

研究には幅広い知識が必要

ある大手化粧品会社の研究所の幹部によると、化粧品会社の研究員としての採用の条件は、以下の3つだそうです。

①**組織から見た社会人としての適正**

②**技術者としての素養**

▶ 研究所の所在地

- ● 資生堂（神奈川県・兵庫県）
- ● 花王（神奈川県・東京都・栃木県・和歌山県）
- ● コーセー（東京都）
- ● ポーラ化成工業（神奈川県）
- ● ファンケル（神奈川県）
- ● マンダム（大阪府）
- ● ミルボン（大阪府）
- ● DHC（東京都、千葉県）

- ● ロレアル（日本ロレアル）（神奈川県）
- ● ホーユー（愛知県、神奈川県）
- ● 日本メナード化粧品（愛知県）
- ● ノエビア（滋賀県、神奈川県、北海道、沖縄県）
- ● アルビオン（東京都、秋田県、沖縄県）

③企業風土にあっていること

　研究者には、農学部、理学部、薬学部、工学部の出身者など専門性を持つ人が多いですが、学生時代の研究が必ずしも仕事に役立つとは限りません。1つの分野を深く極めただけでは、化粧品をつくることはできないからです。**乳化・分散**、皮膚科学、感性工学、色彩光学など幅広い分野の知識が必要となります。

　ヒットする化粧品を開発する優秀な研究者は、研究に没頭するだけでなく、世の中のトレンドを見渡していたり、世間の人々の欲求に興味を持ち続けています。そして左脳だけではなく右脳で思考できる人でもあります。アカデミックな知識と論理的思考が必要なのはもちろんですが、アイデアを創造的に広げることのできる人材がイノベーションを起こすのです。

乳化・分散
本来混ざらないものを混ぜること。液体同士だと乳化、固体同士だと分散と呼ぶ。

Chapter3 05

「PR部門」は会社やブランドの顔

PR部門は、プレスリリースの作成など新商品の紹介を中心に、各マスコミに無料で宣伝してもらうための告知活動を担当する部署です。化粧品の売上への貢献が高い部門ですが、企業によって人材登用の方針が異なります。

第三者からのお墨付きをもらう

化粧品メーカーのPR部門は売上に直結する重要な部署です。無料でアピールできるフリーパブリシティーのための活動を行います。広告ではありません。

広告はお金を払った企業が主体となって情報発信を行うのに対して、フリーパブリシティではマスコミが主体となって情報を発信します。近年は、メディアの情報よりも、ユーザーが作成したコンテンツであるUGC（User Generated Content）の影響力が高まっています。そのため、化粧品ブランドにおいては、ユーザーとの交流を深め、エンゲージメントを高めることを専門とする部門や担当者を設置することも重要になっています。

PR部門に配属される人材とは

化粧品メーカーのPR担当者は、企業によって配属される人の傾向が異なります。

大手メーカーの場合は、ジョブローテーションで配属されることが多いため、PR担当者がマスコミ関係者などと深い関係を築く前に異動してしまうことも多いようです。

一方で、中小メーカーでは、転職で各社を渡り歩いたPRのスペシャリストが担当していることが多くあります。

PR担当者は、インフルエンサーのようにSNSの拡散や雑誌のライフスタイル取材などで商品を紹介することもあります。いわばブランドの顔になるため、人間力も必要です。

また、アシスタント時代は激務で肉体労働も多いため、イメージとギャップの多い職種です。

▶ PR部門の業務内容

研究者や
企画担当者への
取材の立ち合い

リリースの制作

インスタライブ
の司会

インフルエンサーや
ジャーナリストへの
商品の送付（ギフティング）

商品の
貸し出し依頼
への対応

タイアップ広告などの
撮影の立ち合いや
原稿チェック

新製品の反応等を
社内へフィードバック

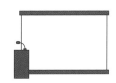

発表会の企画、招待状の発送、
接待客のリストアップ、
会場のセッティング

美容ジャーナリスト
との会食

 ONE POINT

優秀なPR部門担当者の条件

某雑誌の美容記事担当者は、優秀なPR部門担当者について「新製品の紹介（キャラバン）が面白い」「アンケートに的確な回答をする」「機械的な対応ではない」と３つの条件を挙げました。SNSの発達により気軽に情報発達が可能になったため、そのような人材が以前よりも減っているとの声もあります。

業界の最前線に立つ美容部員①

美容部員は競争率の高い
人気の職業

　美容部員は、ビューティーカウンセラー、ビューティーコンサルタント（BC）、ビューティーアドバイザー（BA）とも呼ばれています。仕事内容は、化粧品を売るだけにとどまらず、お客様が美しくなるお手伝いです。お客様の人生を大きく変えることができます。

　憧れのブランドで働きたいと考える人は多く、ブランドによっては非常に競争率の高い人気の職業です。

　女性が多い職種ですが、近年は男性の美容部員も増えています。

一見華やかだが、
仕事内容は厳しい

　表向きは華やかな職業と思われがちですが、見えないところでは厳しい面もたくさんあります。

　一日中立ちっぱなしであること、美容部員同士の上下関係、売上ノルマ、品出しや棚卸しなどの力仕事、きれいな肌とキレイなメイクの維持など体力的にも精神的にもきつい仕事です。腰痛や肌荒れ等で続けられない人もいます。

　また、お客様の世代にかかわらずコミュニケーションできる能力やマナーも必要です。化粧品の知識が豊富なお客様も多いので、日々の勉強も欠かせません。トークに説得力を持たせるため、自分でも自社の商品を使って、その特徴や使い心地などを研究する必要があります。

　このように、実際は「化粧品が好き」「きれいになりたい」というだけでは務まらないため、採用基準は高く、途中で離脱している人も多いのが現状です。人材の確保が難しい中で、美容部員は他メーカーへの転職が容易なため、優秀な美容部員は引く手あまたと言われています。

　コーセーや資生堂は美容部員を正規雇用ではなく契約社員として採用していました。しかし、中国人をはじめとした訪日客による購買が広がり、店頭で化粧品を販売する美容部員が不足してしまったことを契機に、美容部員の正規採用と契約社員の正規社員化を積極的に行っています。

第4章

化粧品会社の
経営とリスク

この章では、化粧品会社が持続的な経営活動を行う上
で大切な5フォース分析、戦略の4類型、売上の構造
など経営の基本情報を中心に解説します。また、事業
運営をする上で想定される知的財産権の侵害や健康被
害による訴訟リスクなど化粧品会社として見落として
はいけない点についても解説します。

Chapter4 01

化粧品の売上の構造と
増収のために必要なこと

化粧品は生活用品などとは異なり、店舗数や新規顧客の数を増やすだけで売上が増えるわけではありません。ブランド価値なども考慮しながら、お客様の信用を得ることが大切です。

販売店の売上を増やす方法

　一般的に消費財の売上を増やすには販売方法と消費者という視点から考える必要があります（右図）。

　販売店の売上は「販売店の数」と「一店あたりの売上」を掛け合わせることで決まります。販売店の売上を増やすための方法と注意点を解説します。

● **店舗を増やす**

　生活用品などは、取扱店舗数を増やすと売上も上がります。しかし、化粧品では、「取扱店舗数が増えることでブランドの価値が下がらないか」を吟味する必要があります。

　他にも、「店舗がその商品を積極的に販売してくれるのか」「店舗はその商品のイメージに合っているか」「ターゲットとする顧客がその店舗を訪れるのか」などを考慮します。

● **個数を増やす**

　ドラッグストアに大量陳列するなど、目立つように商品を置けば売れる可能性が高まります。ただし、大きなリスクも抱えることになります。「値引率が高くてメーカー側にあまり儲けが出ない」「大量に返品される」などの問題があるからです。

消費者の売上を増やす方法

　消費者の売上は「購入者の数」と「一人あたりの金額」を掛け合わせることで決まります。

● **単価（一人当たりの金額）を下げる・上げる**

価格弾力性
商品の価格が変動した場合の需要/供給の変化の割合を数値化したもの。

　単価を下げると購入者が増えるとは限りません。下げた分を補うほどに新客に売れるのかは、ブランドや商品の価格弾力性によって異なるので吟味する必要があります。

▶ 一般消費財の売上の構造

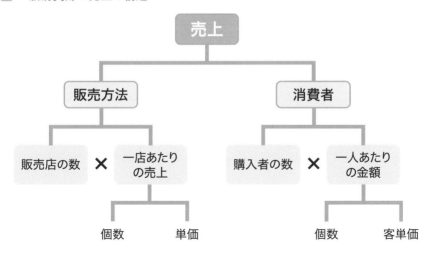

逆に単価を上げれば売上は短期的に上がりますが、顧客が離れるリスクがあります。

お客様が継続して買ってくれるケースでも、使う「量」や「回数」が減ると、売上は下がります。

● **買ってもらえる個数を増やす**

新規の購入者を増やすためには、広告を出して認知度を上げたり、初回割引や販促品をつけるなどのプロモーションを行います。ただし、「安い」「お得」という価格の安さだけに釣られる消費者はリピートしない傾向にあります。そのため、新規獲得だけをKPIにしてプロモーションを行う場合は注意が必要です。

● **客単価を増やす**

ひとつの商品を気に入ってもらえたら、他の商品も自社製品でそろえてもらうのが化粧品業界の理想的な手法です。たとえばスキンケアでは、クレンジング・洗顔・化粧水・乳液・美容液・クリームまでのステップが必ずあります。

ただし、最近の消費者にはドラッグストアコスメや百貨店コスメ、通販コスメなどの流行を取り入れながら、好きな組み合わせを使いたいというニーズがあります。そのため、メーカーの思惑通りに何品も購入してもらうことは簡単ではありません。

KPI
Key Performance Indicatorの略。日本語では「重要業績評価指標」と呼ばれ、目標へのプロセスの達成状況を表す指標のこと。

Chapter4 02

化粧品の原価率が低い理由とは

化粧品は「化粧品会社は水を売って儲けている」などと揶揄されることがあるほど、原価率が低いことで有名です。ただし、他の消費財と比べると購入間隔が長いため、簡単に収益化できるわけではありません。

化粧品は購入間隔の長い商品

化粧品は原価率（→P27）が低く、マーケティングコストが高いという特徴があります。化粧品は他の消費財と比べると購入間隔も長いため、原価率が高いと収益化できないという事情があるからです。メイクアップ商品は1年以上購入間隔が空くケースも少なくありません。口紅の場合は流行や気分で新しい色を購入されることも多いのですが、ハイライトカラーやシェーディングなどは長持ちするため購入間隔が長くなりがちです。

一方で、スキンケアの場合は、早いものだと1〜2ヶ月の間隔で購入してもらえます。通販ブランドは利益率の高いスキンケアに絞った展開で手堅い経営をしています。大手化粧品メーカーは、収益率が低いメイクアップ商品と収益率が高いスキンケア商品を組み合わせることで、多様性のある商品構成を用意しています。

ハイライトカラー
肌色より明るいコスメを使用して、顔に陰影をつけて立体的に見せるメイク法のこと。

シェーディング
肌色より暗いコスメを使用して、顔に陰影をつけて立体的に見せるメイク法のこと。

低価格でメイクアップ商品を提供できるわけ

メイクアップ商品は原価率が高く（→P59）、回転率も低いのですが、IDAグループの手掛ける「キャンメイク」や「セザンヌ」などはドラッグストアで低価格での提供を実現しています。

セルフ販売で美容部員の販売人件費がかからないことに加え、IDAグループの中に問屋業の井田両国堂を抱えているため、低価格での提供が可能なのです。

また、「ちふれ」も、50年前に日本最大級の消費者団体の「全国地域婦人団体連絡協議会」と提携したことで、低価格の代名詞的なメイクアップ商品になりました。協議会の会員に販売することができたため、プロモーションなどに費用をかけず消費者に商品を還元できたのです。

▶ ある化粧品メーカーのコスト構造

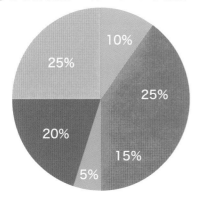

▶ 他産業の売上原価率

日用品メーカーA社	59.2%
自動車メーカーB社	82.2%
化学メーカーC社	67.3%
電機メーカーD社	65.5%

 メーカーマージン ■ マーケティング費
■ 人件費　　　　　■ 物流費
■ 他　販促費　　　■ 工場原価

出典：三菱 UFJ モルガン・スタンレー証券株式会社による資料より作成

化粧水が売れると経営が安定する

　化粧水は原価率が低く、リピート率の高い商品として有名です。美容液やクリームなどは効き目がはっきりとしているため消費者は新商品を次々と試しますが、化粧水は一度気に入ったらそのままリピートされる傾向にあります。化粧水が売れれば経営が安定するため、どの企業も化粧水のヒット商品は喉から手が出るほど欲しいのです。

　フランスのランコムは、既存製品群に日本人が好む化粧水がなかったことから、日本人が化粧水を好きな理由を徹底的に研究し、短期間でヒット商品を育成しました。

　収益率の高い高級化粧水市場は今後も注目されるでしょう。

✏ ONE POINT

海外における化粧水の扱い

　洗顔後に化粧水をつけるというスキンケア習慣は日本独自のものなので、拭き取り化粧水の習慣が根付いている海外では同じ戦略が使えません。海外でも売れているSK-Ⅱの「フェイシャルトリートメントエッセンス」やドクターシーラボの「ラボラボ　スーパー毛穴ローション」などは、美容液としての用途で購入されています。

5フォース分析で
化粧品業界の推移を見る

化粧品業界は新規参入企業が多くなり、競争が激化しつつあります。化粧品業界に関わる力関係がどのように変化していったのかについて、まずは経営学の基本である5フォース分析で見ていきます。

競争が激化している化粧品業界

化粧品業界の製造販売業態数は2006年以来上昇の一途を辿っており（→P129）、競争が激化しています。

競合企業が多く、競争が激しい状態では収益性は下がります。企業が高いシェアを獲得するためには、それを脅かす要素（脅威）を排除するための戦略が必要です。

経営学者のマイケル・E・ポーターによる、企業にとっての5つの脅威を分析するフレームワーク「5フォース分析」では5つの脅威を以下のように定めています。

●**業界内の競争**……業界内における競合他社との直接的な競争。競合他社が多ければ多いほど自社の収益性が下がる。

●**売り手の交渉力**……原材料などの売り手と自社との力関係。売り手の数が少ないと仕入れコストが高くなり、業界の収益性が下がる。

●**買い手の交渉力**……消費者や顧客などの買い手と自社との力関係。買い手のスイッチングコストが低いと値引き交渉などが起こりやすくなり、自社の収益性が下がる。

●**新規参入**……新規参入のハードル。参入のハードルが低いと価格競争が起こりやすくなり、業界の収益性が下がる。

●**代替サービス**……業界内ではなく、業界外において自社の製品やサービスに替わる価値を持つもの。低価格で高品質な代替品が出ると、業界の収益性が下がる。

化粧品業界の過去から現在までの変化を、5フォース分析で示すと右図の通りになります。

スイッチングコスト
商品やサービスの切り替えで発生する金銭・心理的な負担。

▶ 化粧品業界における5フォース分析

● 1970〜1990年代後半 ―資生堂、カネボウ、コーセー大手制度品優位の時代―

新規参入
厚生省による「承認制」だったため参入障壁は高かった。再販制度に守られていたため、企業間の価格競争も激しくなかった

売り手の交渉力
大手企業は原料の大量購入や大量生産により製造コストを安くできた

業界内の競争
チェーンストア契約で資生堂、カネボウ、コーセーなど大手制度品が優位

買い手の交渉力
有名なものほど売れる時代なので、大々的なキャンペーンのトレンドにのることを楽しんでいた

代替サービス
訪問販売やエステティックサロンなど、モノより人間関係のつながりで買われることも多かった

● 2000年〜2010年代半ば ―異業種ナショナルブランドや通販企業参入の時代―

新規参入
2001年薬事法改正で厚労省への「届け出制」になり、新規参入が容易になった

売り手の交渉力
大手企業は原料の大量購入や大量生産により製造コストを安くできた

業界内の競争
資本力の高い異業種企業や九州発の通販企業が多数参入した

買い手の交渉力
多種多様な店でセレクティブに購入する意向が高まった。クチコミのデジタル化でメーカー発信の広告を信頼しなくなる

代替サービス
美容皮膚科での施術やドクターズコスメが参入した

● 2010年代後半 ―D2Cスタートアップ企業、韓国企業、医療美容低価格化など―

新規参入
SNSブーム（特にInstagramの普及）と、ECプラットフォームやデジタルマーケティングツールの普及でスモールスタートが可能になる

売り手の交渉力
韓国や中国などで安くてユニークなバルクや容器が輸入可能に。2017年頃に中国爆買い現象などで原料（主に容器）の納期が遅れて品切れを起こすケースが多くなる

業界内の競争
大手企業に加えD2Cスタートアップ企業、韓国企業、中国企業の参入

買い手の交渉力
大手ブランドの優位性が低下したため、メーカーの押しつけより自分に合うものを求めるようになる

代替サービス
美容外科での整形やサプリメントも化粧品の代替品として急成長。広告やコスト競争が激化

Chapter4 04

新規参入企業の戦略は経営資源や時代性で決まる

化粧品会社がすべて同じ戦略をとればうまくいくわけではありません。自社の経営資源や時代性、業界での競争地位などを分析し、自社にあった経営戦略をとっていく必要があります。

競争地位の４類型とは

近代マーケティングの父と呼ばれるフィリップ・コトラーは、業界における企業の競争地位をリーダー、チャレンジャー、フォロワー、ニッチャーという４類型に分類しました。

４類型
慶応大学名誉教授の嶋口充輝氏は、この４類型を各企業の経営資源の「質が高いか、低いか」「量が多いか、少ないか」によって、右図のように分類した。

たとえば富士フイルムは、化粧品業界にとっては新規参入企業ですが、もともと異業種の大企業です。経営資源の質も量も揃っているため、リーダーとなります。

富士フイルムのように、もともと持っている本業の高い技術が独自性のある経営資源となります。それが消費者にとってのベネフィットと合致すれば、ヒット商品が生まれやすいでしょう。

アパレル企業の場合は、自社のブランドイメージやそのブランドを支持する顧客の質が独自性のある経営資源となります。

とるべき戦略は競争地位により異なる

コトラーは「競争地位に応じた戦略をとるべき」としています。たとえば、高価格帯商品をカウンセリングで売る制度品のようなシステムを築くには、時間やお金がかかります。経営資源が乏しい新規参入企業ではとれない戦略と言えるでしょう。

つまり、企業は自由に戦略を選べるわけではなく、「経営資源の質・量」によって、とるべき戦略が異なるわけです。さらに、ここに時代性を掛け合わせて企業戦略が決まります。たとえば、最近は店舗よりECに力を入れる企業が増えているのは、時代性がカギになっています。

以前は経営資源の豊富な大企業の異業種参入が多かった化粧品業界ですが、EC販売の広まりは中小の新規参入を活性化するきっかけにもなりました。

▶ 新規参入企業の戦略4類型

経営資源（質）
高 ↑

ニッチャー戦略

ニッチな独自性を活かして
市場を獲得しようとする戦略

例）エトヴォスはニキビ専門メディア
初の国産ミネラルコスメという独自性
を、自社ECサイトやメルマガで時間を
かけてアピールし、顧客を獲得して
いった

⚠ **注意点**

- 時間がかかる
- ある程度まで売上が伸びたら、成
  長戦略が組める人材と資源が必
  要になるので企業文化を大きく
  変える必要がある

リーダー戦略

経営資源の量と質を兼ね備えて、
業界を牽引する戦略

例）富士フイルムは経営資源が豊富
で、フイルム技術で培った独自性があ
ったので、松田聖子や中島みゆきを起
用したCMで既存の大手化粧品と並
ぶようなリーダー戦略でデビューした

⚠ **注意点**

- リーダー戦略は圧倒的経営資源
  と独自性がないと難しい
- 企業が独自性と考えている技術
  と消費者にとってのベネフィット
  はイコールではないケースがある

少 ←――――――――――――――――――→ 多

経営資源（量）

フォロワー戦略

競合他社の戦略を模倣して、
製品開発コストを抑えることで、
高収益を目指す戦略

例）インフルエンサーがプロデュース
したメイク商品を出す場合など、経営
資源も独自性もないことが多く、フォ
ロワー戦略となる

⚠ **注意点**

- 知名度がなくても手に取りやすい
  ようにするため、どこかの模倣に
  なる（最近では韓国コスメ風など）
- 量産ができないので、品質の割に
  価格が高くなりがちである

チャレンジャー戦略

2、3番手に位置づいており、
リーダーに挑戦しトップを狙う戦略

例）ノンシリコンシャンプーの火付け
役「レヴール」のジャパンゲートウェイ
は最初から有名女優を複数名使った
贅沢なテレビCMでチャレンジャー戦
略をとった

⚠ **注意点**

- 技術に模倣困難性がないと、後
  発品に市場を奪われる
- 投資を回収する前に市場トレンド
  がピークアウトしてしまうリスク
  がある

低

Chapter4 05

化粧品事業を行う上で想定されるリスク

経営活動では、どの業界であっても大なり小なりリスクが想定されます。化粧品業界ではマーケティング、製造、インターネット、海外、コンプライアンス、ファイナンスなど、多岐にわたる分野でリスクが考えられます。

化粧品会社を経営するリスクとは

化粧品会社の経営にはリスクがつきものです。リスクは危険という意味でよく使われますが、「予想通りにいかない可能性」という意味もあります。

化粧品の製造や販売は、他の業界に比べて主に右図のようなリスクが大きい傾向にあります。

ピンチをチャンスに変える

「消費者の価値観やニーズの変化」「競合企業の新製品の登場」といったマーケティング面でのリスクは、どの業界のどの企業にもあることです。ピンチをチャンスに変えることができる企業が結局生き残っています。

また、新型コロナウイルスによるインバウンド消費の落ち込みから、不確実性の高い時代となっているため、企業の対応力が試されています。

原料の調達もリスクの一つ

商品を製造する上でのリスクにも注意が必要です。

原料を手に入れられないと商品は製造できませんが、たとえば、原料が輸入品の場合は相場の関係で高騰してしまい、増産にコストがかかる、といったリスクがあります。

配合していた美容成分が廃盤になると、リピート生産もできなくなります。今までとは別の成分を使った商品にリニューアルをしなければならないこともあるようです。

原料を手に入れられたとしても、製造時に災害など想定外の出来事が起こると、商品の製造や出荷ができなくなります。

▶ 化粧品会社の経営で抱えるリスク

マーケティング面のリスク	消費者の価値観やニーズの変化
	競合企業の新製品の登場
	不景気による消費の低迷
製造上で考えられるリスク	製造コストの拡大
	原料や資材の調達ができない
	製品化の遅れ
	仕入れ先の倒産
インターネットに関するリスク	広告の炎上
	システム障害
	個人情報漏洩
海外に関するリスク	海外の法律の変更
	海外の政情不安
	インバウンド消費の落ち込み
コンプライアンスに関するリスク	薬機法違反
	特定商取引法違反
	不当景品類及び不当表示防止法違反
	製造物の欠陥
	商標権、知的財産権の侵害
ファイナンス上のリスク	資金調達
その他のリスク	災害やウイルス
	皮膚トラブルの集団訴訟

　特に自社に製造機能を持たない上に、OEM企業（→P60）を一社にしている場合は要注意です。その企業が製造できない状況になると、メーカーも販売できない状況になってしまいます。

　このような状況を避けるためには、自社の商品を担当するOEM企業を複数の会社に分散しておくことが望ましいでしょう。しかし、異なる会社で処方を共有して同じ品質の化粧品をつくるのは難しいといった懸念点もあります。

Chapter4 06

知的財産権の侵害による
訴訟リスク

大手企業では知的財産部門を中心に知財権に気を配っていますが、新興企業の中には知的財産への意識の低い会社も少なくりません。リスクを意識することなく模倣商品を販売しているケースもあります。

知的財産を尊重することが大切

意匠権
商品デザインの独占権のこと。デザインには物品の形状や模様、色彩なども含まれる。

　化粧品ビジネスのリスクの１つに、特許・実用新案・意匠権・商標権など知的所有権に関わる係争問題があります。自社の知財権を取得して守るのと同時に、他社の権利を侵害しないように知的財産を尊重することが重要です。

　特にグローバルに事業を展開をしている大手企業は、知的財産部門が企業価値を支える大切な部門だと考えています。中国や東南アジアを中心とした模倣品問題への対応、海外での特許権の取得など、知的財産部門の業務は多岐に渡ります。

　一方、新興企業やインフルエンサーの中には、知的財産についての意識が低い企業や人も見受けられます。特に商標やデザインの模倣問題を考慮しないケースが多いようです。知的財産権の認識の薄さは経営の大きなリスクとなり得るので、注意が必要です。

特許に関する訴訟

　特許に関する訴訟は、東京地裁、大阪地裁などで行われることが多く（時には海外の裁判所など）、商品の製造販売の差止めや損害賠償の仮処分を求めるケースが多いようです。

　国や企業の文化によって訴訟に対する考え方は異なります。海外企業は権利意識が高く、訴訟をためらわない傾向があります。日本では訴訟になりそうな事案でも裁判など大事にならないよう水面下で交渉をするのが一般的です。ただし、日本においても2000年代には特許権に関する大きな訴訟がありました。訴訟まで至るケースは多くありませんが、商標や意匠に関する訴訟も増加傾向にあります。

化粧品の主な知的財産

商標	商品のネーミング、成分名のネーミング、ブランド名、キャッチコピーなど
意匠	ブランドロゴ、ボトルのフォルム等のデザインなど
特許	処方、成分、成分の組み合わせ、製法技術、特殊な使用方法、容器の素材や形状など

2010年代に起こった化粧品の特許侵害訴訟

時期	原告	被告	内容	判決
2011年7月	A社	B社	B社の販売する泡状染毛剤がA社の保有する特許権を侵害しているとして訴訟	B社からA社へ対価を支払い和解
2012年5月	C社	D社	2009年にぬれた手でも利用できる商品をC社が開発し、同年8月に特許を取得した。2009年1月に販売されたD社の商品が特許を侵害しているとして訴訟	特許庁は12年1月にC社の特許を無効とする審決を出していたが、一審ではD社に約1億6千万円の賠償を命じた。しかし、最終的にはD社が賠償金を支払わない形で和解
2015年8月	E社	F社	F社の商品がE社の保有している抗酸化成分を安定して配合する技術の特許を侵害しているとして訴訟	特許庁は、E社の特許は有効と判断したが、東京地方裁判所は特許無効との判決を言い渡した。知的財産高等裁判所に控訴したが、第1審の判断を維持

健康被害による訴訟リスク

小麦アレルギー問題と白斑問題は、化粧品史上類を見ない大きな健康被害を引き起こし、従来の化粧品業界の常識を覆す出来事となりました。この反省をいかし化粧品業界の安全志向はさらに高まっています。

化粧品業界を揺るがした2つの健康被害

化粧品業界を揺るがす2大事件と呼ばれているのが（株）悠香（ゆうか）の「茶のしずく石鹸」の小麦アレルギー問題と、カネボウの医薬部外品成分ロドデノールによる白斑問題です。これらの事件によって、今までの化粧品開発では予想されていなかった健康被害が明らかになりました。

◎「茶のしずく石鹸」の小麦アレルギー問題

石鹸を利用した人たちが、小麦アレルギーを発症してしまった事件。小麦を食べると瞼がはれる、顔がかゆくなるなど、これまでの小麦アレルギーの患者の多くとは少し違った症状が出ました。これらの患者が「茶のしずく石鹸」を使っていたことが共通点だったことから判明した問題です。

日本アレルギー学会の調査では、2010年9月までに4,667,000人に販売され、使用者の概算は5,909,000人にものぼります。そして、使用者の約2800人に1人がこの病気を発症したと推測されています。

このトラブルが関係者を驚かせたのは、口から何かを食べたわけではないのに、皮膚からアレルゲンが侵入し食品アレルギーになった点です。当時の皮膚医学界では、このような形でアレルギーを発症するとは知られていませんでした。

◎カネボウの白斑問題

2008年にカネボウ化粧品が医薬部外品の許可を得た美白成分「ロドデノール」を配合した化粧品を発売し、その使用者の肌に白斑が発生した事件です。

ロドデノールとは、白樺の樹皮やメグスリノキなどに多く含まれる成分です。日本皮膚科学会によると、白斑が見られたのはロ

白斑
色素の素であるメラニンが作れなくなり、皮膚に白い斑状が現れる病気のこと。

▶ カネボウの白斑問題の経緯

2006年1月	花王がカネボウを買収。カネボウが花王の子会社となる
2006年7月	ロドデノール配合の製品の販売を厚生労働省に承認申請
2008年1月	厚生労働省がロドデノールを医薬部外品美白有効成分として承認
2008年9月	ロドデノール配合の医薬部外品「アクアリーフMCTホワイトニングエッセンス」を発売
2013年5月	岡山県内の大学病院から、「カネボウ化粧品の使用で白斑が生じた例が3例ある」とカネボウに問い合わせ
2013年7月	カネボウが自主回収を開始
2014年11月	「後遺症慰謝料相当の補償」の実施を発表
2021年2月	2021年2月の段階でカネボウが白斑様症状を確認できたのは19,606人、そのうち18,761人と和解合意

※現在も花王のHPで月1回の報告で情報はアップデートされています

ドデノール含有化粧品を使用していた人の1%にも及びました。

この事件で特に話題となったのは、カネボウのロドデノール配合の化粧品を**ライン使い**している人ほど白斑の発症率が高かったことです。

美白化粧品のライン使いが健康被害に繋がることは、当時の化粧品業界では想定されていない事態でした。

ライン使い
同一ブランド同じメーカーの化粧品で統一してスキンケアを行うこと。

📍 リスクへの対応に会社の姿勢が表れる

このような想定外のリスクは、化粧品ビジネスを行う限り、どの企業にとってもゼロではありません。

大切なのはリスク対応です。事実が明るみになって以降は、カネボウを買収し親会社となった花王が賠償を含めた問題収束まで全面的にバックアップし、社会的な評価を得ています。

しかし、「最初に被害症例が報告された2011年にカネボウが自主回収を行っていれば、ここまで大きな問題にならなかったのではないか?」という点が教訓となり、化粧品業界全体でコンプライアンスが見直されました。

企業価値向上のために海外基準を導入

大手化粧品企業は、海外市場への進出にも力を入れています。グローバル市場で企業価値が認められ、持続可能性を最大化するために無視できない基準が、コーポレートガバナンスコードです。

コーポレートガバナンスとは

コーポレートガバナンス（企業統治）とは、企業内の不正を防ぎ、健全な経営を行うことで企業価値を高める仕組みつくることです。以下のように、企業価値と持続可能性が最大化されている状態を目指します。

①法律重視のもとで企業が利益を高める

②ステークホルダー（株主・従業員・取引先等）の満足を得る

上場企業は、金融庁と東京証券取引所が中心となって定めた「コーポレートガバナンスコード」という基準に従う必要があります。投資家はその企業のコーポレートガバナンスが働いているかどうかを見極め、投資の判断材料にしています。

社長の指名が重要視されている

化粧品会社の海外売上高比率は年々上がっています。そのため、今後はグローバルスタンダードを見据えたコーポレートガバナンスが求められています。

日本企業のコーポレートガバナンスの問題で、特に海外の投資家から問題視されているのは、右図の点です。化粧品業界で今後注目が高まるのが社長の指名（⑧）や後継者計画（⑬）です。

一般的な日本企業と同じように化粧品会社も社長に就任するのは、「創業者一族」「社内で地位を築き上げてきた人」でした。

しかし、このままでは海外の投資家から評価されません。

社長の指名・後継者計画に関する管理体制が適切に構築され、プロセスの透明性及び客観性があることは持続的な成長のために最も重要視されているからです。

たとえば資生堂は、社外から招聘された魚谷雅彦氏が2014年

コーポレートガバナンスコード

顧客・従業員・株主・地域社会等の立場を踏まえ、迅速・果断な意思決定を公正に行うための仕組み。

▶ 海外の投資家が問題視するポイント（チェックリスト）

- [ ] ①意思決定メカニズムが不透明になっている
- [ ] ②生産性が低い
- [ ] ③収益率が低下している
- [ ] ④終身雇用で中途採用が少ない
- [ ] ⑤従業員のスキルアップデートが不十分である
- [ ] ⑥人材登用が適材適所になっていない
- [ ] ⑦不採算部門のシャットダウンのスピードが遅い
- [ ] ⑧経営陣に現場の生え抜きが多く、プロの経営者ではない
- [ ] ⑨グローバル化や技術革新などの適応能力に欠ける
- [ ] ⑩イノベーションが起こりにくい
- [ ] ⑪給料の差が大きくないため、経営者のインセンティブが少ない
- [ ] ⑫外国籍やマルチカルチャーを理解する役員の比率が少ない
- [ ] ⑬社長職の後継者問題や不透明性がある

※金融庁のコーポレートガバナンスコード原案を参照

から2022年末まで社長を勤めました。2023年に藤原憲太郎氏が社長に昇格。魚谷氏は代表権のある会長に就任しました。これは創業家出身の福原義春氏以来の長さです。後任選びは企業評価に直結します。魚谷社長は今後の任期において後継者の育成などを実行し、経営を引き継ぐことができる状態まで導いていくことを強く明言し、評価されています。

ただ、化粧品に限らず、新しい事業で大きく成長する企業はオーナー企業が多い傾向にあります。成功の可能性が未知数の企画でもオーナーの一存で意思決定できますし、短期的ではなく中長期的に成長を待つことができるからです。創業者一族のオーナー社長、社員の生え抜き社長、外部のプロ社長が成功する要因は企業のライフステージや特徴によって異なります。

評価
資生堂は、コーポレートガバナンスの仕組みが実効的に運用されていることが評価され、一般社団法人日本取締役協会が主催する「コーポレートガバナンス・オブ・ザ・イヤー2019 経済産業大臣賞」を受賞した。

業界の最前線に立つ美容部員②

お客様が本当に求めているものとは

優れた美容部員はマーケターであると言われています。

アメリカのセオドア・レビット氏は「ドリルの穴理論」という有名な理論を提唱しました。

レビット氏は、著書『マーケティング発想法』（1968年）の冒頭にて、レオ・マックギブナ氏の「人々が欲しいのは1/4インチ・ドリルではない。彼らは1/4インチの穴が欲しいのだ」という言葉を引用しています。

これは、ドリルを買った人はドリルという「製品」を求めているわけではなく、ドリルによってもたらされる穴という「結果」を求めているという意味です。お客様が本当に求めているものは何かという真のニーズを掴むことの大切さが伝わるでしょう。

この言葉は「ドリルを買う人が欲しいのは穴である」という格言となり、50年以上経った今でもマーケティングの世界で最も有名な言葉の一つとなっています。

優秀な美容部員はドリルの穴理論の達人

ドリルの穴理論は、化粧品販売でも同様に当てはめることができます。

たとえば、コンシーラーを求めてお客様がお店に来店したとしても、そのままコンシーラーだけを売るのでは販売員のいる意味がありません。

コンシーラーは、シミやニキビ跡、クマや赤みなど、ファンデーションだけでは隠しきれない部分をカバーしてくれるコスメです。

コンシーラーを買いに来たということは、シミやクマなどで悩んでいると考えられます。

優秀な美容部員は、肌を見たりカウンセリングするなかで情報を引き出し、お客様の抱える本当の悩みを見出します。その上で悩みを解決する提案ができるわけです。

たとえば、シミで悩んでいた場合は、シミ用のスキンケア一式を売ることができます。お客様の悩みを解決しつつ、本来買う予定ではなかった商品を買ってもらえるWin-Winの関係を構築できます。

第 5 章

化粧品業界の
マーケティング

マーケティングは広告手法という意味で語られること
が多くなっていますが、本来は「魅力的なサービスや
商品を開発して価格以上の価値を顧客に届ける一連の
仕組み」が定義です。この章では化粧品マーケティン
グで最も重要なSTPや製品ライフサイクルについて
の考え方を解説をします。また、ブランディングや広
告についても説明します。

Chapter5 01

化粧品ビジネスの マーケティング

マーケティングは市場調査や広告手法と誤解されがちですが、これらはマーケティングの一部にすぎません。 魅力的なサービスや商品を開発して価格以上の価値を顧客に届ける一連の仕組みがマーケティングです。

📍 マーケティングの定義とは

　化粧品ビジネスを行ううえでもっとも重要なのがマーケティングです。もちろん、短期的に売上をつくるセリングは必須です。セリングとお客様とブランドを育てる関係をつくるマーケティングの両輪が円滑にまわると、企業は持続的に成長することができます。

　化粧品は難しい産業です。開発や製造技術の進歩により、安くて満足度の高い商品が市場に溢れており、コモディティ化しています。品質だけでは差をつけにくため、差別化が必要です。原価が安く粗利が高くても、その分マーケティングに多くの費用を投入しなくてはならないのはこのためです。

　マーケティングという言葉の意味は複雑です。営業の人にとっては「消費者調査」、商品企画の人にとっては「顧客の声から商品をつくること」、広告の人にとっては「デジタル広告」など、自分の身の周りにあるマーケティング関連の仕事をマーケティングという意味に捉えがちです。しかし、これらはあくまでマーケティングを構成する一つの要素にすぎません。

　アメリカ・マーケティング協会は、マーケティングについて「顧客、得意先パートナー、そして社会一般にとって価値ある提供物を伝達し交換する活動であり、一連の制度でありプロセス」と定義しています。

　「一連の制度でありプロセス」とあるように、市場調査で顧客の欲求や要望をくみ取って分析したり、広報・宣伝で得られるフィードバックを生かしなら、魅力的な製品やサービスの開発する仕組みづくりそのものがマーケティングなのです。

アメリカ・ マーケティング協会
世界中のマーケティング実務者、教育者、研究者、学生などを擁する団体。会員は約3万人。

	短期的視点	長期的視点
課題	売り込む (セリング)	売れる仕組みをつくる ブランドを育てる関係性 (マーケティング)
顧客	顕在顧客	顕在顧客 潜在顧客
目的	スピーディな成長	持続的経営と企業価値の創造

化粧品業界の現状とマーケティング

化粧品業界のマーケティングには、以下の3つの課題があります。

①レギュレーション（規制）

薬機法による表現の規制が厳格化してきています。キャッチコピーで商品特性を伝えづらくなっています。

②DX（→P30）による進化

店舗、美容部員によるカウンセリング、EC、ソーシャルメディア、Web記事、雑誌、テレビなど、化粧品メーカーにはさまざまな顧客との接点があります。顧客への情報提供の効率化や相乗効果を高めるためには、マーケティングによる戦略の一本化が必要ですが、大企業は部門間の壁があるためスピーディな対応ができない状況です。

③スモールマス化

スモールマスとは花王が2015年に提唱した考え方で、マス市場（大多数の市場）ではないが一定の売上を見込める消費者層のことです。市場の成熟により、消費者の趣味趣向が多様化しました。「有名企業のキャンペーン商品」よりも「自分に合った世界観の商品」を求める傾向が強くなりました。狭い顧客に向けたニッチなプレミアム商品はマス市場を得意とする大企業の苦手な戦略で、新興企業にシェアを奪われる現象が起きています。

顕在顧客
自分の悩みや必要性ついての自覚があり、実際に探したり行動しようとしている人。

潜在顧客
自分の悩みや必然性にまだ気がついてない状態の人。自分の悩みや必然性についての自覚はあるが、自社の商品の存在自体を知らない人も潜在顧客になる。

Chapter5 02

顧客の隠れたニーズを見つけ出す

マーケティングの中心は顧客ですから、顧客の求めるものにこたえることが重要です。現代のようにモノがあふれている成熟市場では、新しいニーズを見つけることは非常に難易度が高くなっています。

顧客の心理状態の３ステップ

マーケティングの中心は顧客です。顧客を満足させるためには、顧客が何を欲しているのかを知る必要があります。**フィリップ・コトラー**は、マーケティングについて「ニーズに応えて利益を上げること」だと言い、顧客の心理を以下の３つに分類しています。化粧品に当てはめると下記のようになります。

ニーズ（必要性）：何かに対して欠乏を感じて困っている状態を指します。たとえば、肌が乾燥して困っている状態です。

ウォンツ（欲求）：ニーズを満たすためにものを欲しがっている状態を指します。たとえば、肌が乾燥しているから保湿するための化粧品をほしいという状態です。

デマンド（需要）：特定商品の購入欲求がある状態を指します。たとえば、保湿をするために「〇〇社の□□（商品名）がほしいと具体的な商品名を挙げていて、実際に購入したい状態です。この状態になると「需要がある」と言えます。お客様のニーズにも段階があるのです。

> **フィリップ・コトラー**
> 「近代マーケティングの父」と呼ばれるアメリカの経営学者。

お客様の気づいていないニーズを喚起させる

現代のようにものや情報があふれている時代では、顧客が自分のニーズを理解していなかったり、表現できなかったり、考えるエネルギーすらなくなっていることが少なくありません。

顧客がニーズをはっきり意識していない場合や具体的に表現できない場合に、見えない顧客の言葉をうまくくみ取ることができるような広告や接客を行うことが真のマーケティング活動です。

たとえば、カウンセリング販売では、「化粧のりのよいファンデーションが欲しい」と言うお客様にファンデーションを売るだ

▶ コトラーによる顧客の心理の分類

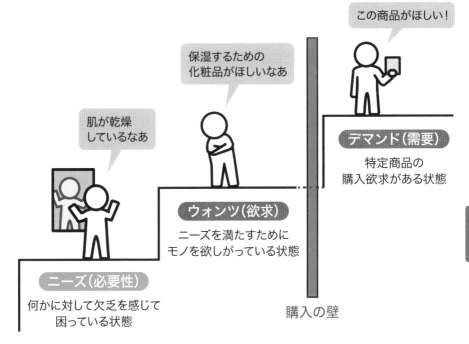

けでは顧客ニーズに応えているとは言えません。「お客様の化粧
のりの悪い原因は、肌が乾燥しているためかもしれません」と意
識していない問題に気づかせることが必要となります。制度品や
百貨店などのチャネルでは、このようにお客様の悩みを根本から
解決することで売上を伸ばしてきました。現在はインターネット
広告でお客様のニーズの段階を見極めたコミュニケーションを担
おうと、新たな仕組みが次々と生まれています。

 ONE POINT

AIによるカウンセリング

　人件費の削減やコロナ禍の影響で、これまで人間が行っていたカウンセリングを
AIで代替するために、各社がスマホの診断アプリなどの技術開発に力を入れてい
ます。AIが顧客の潜在的なニーズを引き出すフェーズが到来しています。

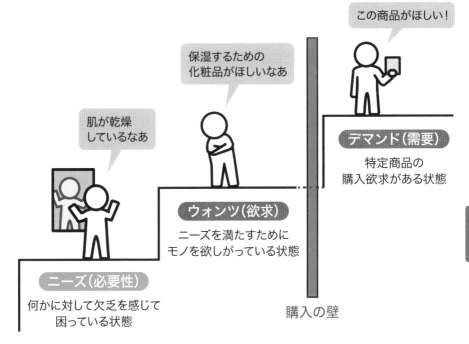
第5章

化粧品業界のマーケティング

顧客を細分化する STP

年齢や性別や既婚・未婚などのデモグラフィック変数ではターゲットは見えてきません。価値観・世界観・雰囲気・ライフスタイル・性格などサイコグラフィック変数が化粧品の重要となります。

STP分析とは

マーケティング戦略を立てる際にはSTP分析が欠かせません。STPは以下３つをアルファベットにしたときの頭文字をとったもので、商品開発の際にターゲットとするお客様を選定するために行います。

- **セグメンテーション（segmentation）**……市場を細分化し、同じようなニーズを持つグループに分類する（その際の基準は右図を参照）。ジオグラフィック変数やデオグラフィック変数では、「誰が買ってくれるのか」がわかる
- **ターゲティング（targeting）**……分類したグループの中から参入する市場を選定する（→P104）
- **ポジショニング（positioning）**……競合他社との差別化で自社の立ち位置を明確化する（→P112）

重要なのはサイコグラフィック変数

セグメンテーションにおいて、重要視すべきなのがサイコグラフィック変数です。心理的特性を分析することで、「なぜ買ってもらえるのか」まで掘り下げます。

サイコグラフィック変数は、他の変数と違い数値化できません。マーケティングに力を入れている企業は、リアルな人間像をつかむために、グループインタビューや**エスノグラフィー調査**に力を入れています。WEB調査は手間をかけずに数百人単位の声を拾うことができますが、顧客がすでに意識している問題しか拾いづらいという弱点があります。

その点、エスノグラフィー調査は大変手間がかかりますが、メーカーが気づいていないニーズを発見しやすくなります。今まで

エスノグラフィー調査
調査対象の家に行って（会場で行うケースもある）化粧行動を観察する。

▶ STP分析の3つのステップ

セグメンテーション
市場を基準細分化して
ニーズごとに分類する

→

ターゲティング
自社の参入すべき
市場を選定する

→

ポジショニング
競合他社との差別化で
立ち位置を明確にする

市場をセグメンテーションする際の基準

変数	基準	例
ジオグラフィック変数	地理的な特性	地域、都市規模、商圏、気候など
デモグラフィック変数	人口統計学的な特性	性別、年齢、職業、ライフステージ、家族、世帯年収など
サイコグラフィック変数	心理的な特性	価値観、世界観、雰囲気、ライフスタイル、性格など

になかった新しい発想の商品開発に繋がります。

　エスノグラフィー調査に力を入れている企業が花王です。シャンプー「エッセンシャル」のリニューアルの際は、インタビュー調査（200人）、ブログを書いてもらう調査（17人）、エスノグラフィー調査（6人）と数段階にわたる念入りな調査を行っています。エスノグラフィーは、ブランドターゲット像に近い女性6人に実際にホテルに宿泊してもらい、就寝時〜起床時の様子を観察するものだったそうです※。

　その結果、多くの若い女性は、本来の意味の毛先だけではなく、耳から下の髪の部分も毛先として気にしていることがわかりました。メーカーの人間も顧客も気づいていなかったことが明らかになり、新しい価値を生み出すことに成功したのです。

エッセンシャル
1976年からのロングセラー。2006年、「毛先15cmが変われば『カワイイ』はつくれる」というメッセージで若返りに成功した。

※出典：「「カワイイはつくれる」〜花王エッセンシャルブランドの再活性化」（花王）、マーケティングジャーナル28巻（守口剛、中川宏道）

 ONE POINT

美容動画からわかること

　YouTube、Instaglam、TikTokなどでは、モーニングルーティンやナイトルーティーンなど美容動画を配信する人が増えています。こういった動画を観察することで、エスノグラフィー調査のように生活動線や行動様式まで知ることができます。

Chapter5 04

右脳と左脳をつかって
ターゲットにする市場を決める

化粧品のターゲット設定は、誰か1人の熱い想い（n＝1発想）が重要となります。しかし、右脳的な感情論だけでは社内を説得できないため、6Rやイノベーター理論などのフレームで左脳的アプローチでの検討も行います。

ターゲットを決める際の6つの基準

セグメンテーションで市場を細分化したら、そのグループからどの市場に参入するのか決めます。このプロセスを、ターゲティングと呼びます。ターゲットにする市場を決める際には、右図の6つの指標を考慮しなければいけません。この指標は、アルファベットの頭文字をとって6Rと呼ばれています。個々の指標にこだわりすぎず、6つの指標を総合的に判断することが大切です。

イノベーター理論に基づき狙うべきターゲット

6Rの中で特殊な指標が「影響力」です。**イノベーター理論**において、影響力のある**イノベーター**は、真っ先に商品を購入しSNSでその商品を宣伝してくれるのですが、リピート購入につながりづらい特徴があります。実際に売上の大部分を占めるのは**アーリーマジョリティとレイトマジョリティ**なので（右図参照）、イノベーターだけを狙うと人気は持続しません。

消費者は、メーカーが発信する情報ではなく、イノベーターや**アーリーアダプター**などのオピニオンリーダーが発信する情報を信頼します。そのため、化粧品会社は彼らにPR投稿をしてもらったり、発表会などに招待して新商品を配布します。

ただし、化粧品のイノベーターはマニアックな人が多いので、アーリーアダプターとの間には大きな壁があります。イノベーターに高評価だからといって、アーリーアダプターにそのまま売れるとは限りません。化粧品に詳しくない消費者にもわかりやすい商品にする必要があります。また、アーリーアダプターとアーリーマジョリティの間にも大きな溝があります。（**キャズム理論**）。

大企業のミドルプライス（中価格帯）商品の場合、目利きのイ

イノベーター理論
新しい商品やサービスが市場普及にするまでのプロセスに関する理論。

イノベーター
新商品を、いち早く購入する人たち。

アーリーマジョリティ
すでに話題になっているものを購入する人たち。

レイトマジョリティ
新商品に懐疑的な人たち。

アーリーアダプター
流行に敏感で、自ら進んで情報を集め、良いと判断した商品を購入する人たち。

キャズム理論
新しい商品が出たとき、その商品が市場の大多数を獲得するために超えなければいけない一線のこと。ここを越えてターゲットを拡大したい場合は、コンセプトやコミュニケーションプランの見直しなどが必要となることもある。

▶ ターゲティングの６つの指標（6R）

Realistic scale	市場規模	市場規模が適切かどうか。あまりにマニア向けすぎてターゲットが少ないと、売上も伸びない
Rival	競合性	強力な競合ブランドがすでに存在しているかどうか。強力なブランドが存在していれば苦戦することになるが、２匹目のドジョウを狙う戦略なら参入もあり得る
Rate of growth	伸長率	その市場が今後伸びるかどうか。検討時期がピークで、発売する頃にはブームが終わっている可能性がある
Ripple Effect	影響力	自社の商品を広めてくれるターゲットかどうか。SNSやクチコミ掲示板などで発言してくれるタイプだと、商品を広めるのに優位に働く。ただし、飽きるのも早いので、このターゲットだけを狙うと人気は持続しない
Reach	到達可能性	企業が仕掛けたプロモーションがユーザーに届くかどうか
Response	測定可能性	顧客にアプローチした効果を測定できるかどうか

▶ イノベーター理論による購買層の区分

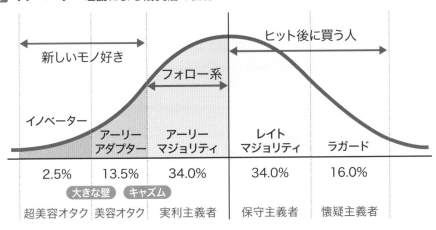

ノベーターやアーリーアダプターはSNSの投稿をしてもらうためのターゲットと定め、本命のターゲットはアーリーマジョリティに定めるケースが多いようです。新興ブランドの場合は、大企業ほどの大きな売上目標を定める必要がないので、イノベーターやアーリーアダプターにターゲットを絞ったユニークでインパクトのある、ある意味好き嫌いが分かれる商品にふりきることができません。ここから、思わぬヒットが生まれることがあります。

第5章

化粧品業界のマーケティング

105

Chapter5 05

ブランドは企業にとって重要な無形資産のひとつ

化粧品会社が持続的な経営をするためにはブランディングが必要不可欠です。ブランディングには、「マルチブランド」「サブブランド」「保証つきブランド」「マルチブランド」という4つの戦略があります。

ブランディングのメリット

百貨店コスメからドラッグストアのプチプラコスメまで、すべての化粧品にはブランディングが必要です。適切な形でブランドが確立すると、価格競争がなくなり、高価格帯の商品も迷うことなく買われるようになります。また、リピートや指名買いが行われやすくなるため、販促面でも独自性にこだわることができます。優秀な人材の獲得、一流百貨店のような優良な取引先との関係構築も容易になるなど、組織経営でも大きなメリットがあります。

ブランディングは化粧品会社にとって重要な無形資産であり、持続的な経営には欠かせないものです。

4つのブランドのタイプ

化粧品のブランドは主に以下の4つのタイプに分かれます。

●マスターブランド

企業のイメージそのものをブランドとして打ち出し、企業のブランド力を化粧品のブランド力に直結させます。日本では、企業ブランドの認知度による安心感は高い優位性を持ちます。

●サブブランド

企業のイメージとは違うブランド価値を発信しつつ、企業の名前は隠しません。聞いたことがないブランドでも、おなじみの大企業が出したブランドだとわかると、信頼感があるので抵抗なく受け入れてもらえるメリットがあります。

●保証つきブランド

異業種の大企業が自社の強みである独自技術を化粧品に転用することで、効果効能への説得力を持たせます。富士フイルムやサントリーなどの大企業の異業種参入は、**範囲の経済**の好例です。

範囲の経済
異なる複数の事業の共有可能なコストを一元化することにより、企業全体の経営の効率化を図ること。富士フイルムのフィルムのコラーゲン研究、サントリーの酵母など本業の技術を化粧品に展開する企業戦略も範囲の経済といえる。

▶ 化粧品の４つのブランドのタイプ
（Aaker&Joachimsthaler のブランド関係図をもとに筆者が作成）

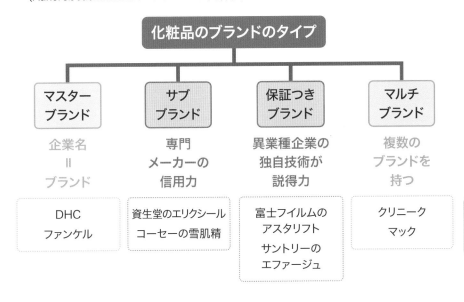

企業のネームバリューを利用して安心感を与える意味では前述の
サブブランドと近いあり方です。

● マルチブランド

　一般的に、企業が複数のブランドを持つことをマルチブランド
と呼びます。化粧品は機能的価値よりも情緒的価値が高いため、
顧客の嗜好に合わせたターゲティングを行います。企業名を顧客
に出さずにブランドを展開するマルチブランドの手法を、日本の
化粧品業界ではアウトオブブランド（→P110）と呼びます。た
とえば、エスティーローダーの場合、サイエンスな印象の「クリ
ニーク」、アーティスティックな印象の「マック」など、各ブラ
ンドごとに異なる特徴を打ち出しています。

　ブランドのバリエーションが多いことはリスク管理にもなりま
す。**ブランド・ポートフォリオ**を組むことで企業価値を高められ
るため、グローバルのトップブランドは積極的に採用しています。

　特に欧米では狙うターゲットに応じてブランドを細分化してお
り、ブランドイメージを守るために社名は出しません。日本では
サブブランドで通用しても、海外ではマルチブランドにしないと
通用しないなど、ブランドのタイプは複雑化しています。

**ブランド・
ポートフォリオ**
複数のブランドを持
つ企業が、伸びるブ
ランド、きびしいブ
ランドなどを分類し、
どのブランドに企業
の資源を投入すべき
か判断すること。

Chapter5 06

ブランディングは顧客を媒介していく

ブランディングに成功すると、顧客が自ら他の顧客に宣伝してくれるようになります。もちろん、購入頻度が高い顧客は大切ですが、購入頻度が低くてもブランド愛が強いユーザーは良い影響を与えてくれます。

ブランドが顧客に与える影響

　ブランドは企業だけではなく、顧客と共につくりあげていくものです。

　ブランド力が高まると、顧客から顧客への波及効果もあります。メーカーの目が届いていないところで顧客が他の人に宣伝していたり、誰かの批判に対して顧客が庇ってくれるなど、顧客自身が広報的な役割を果たしてくれるようになるのです。

注目すべき顧客の３つのタイプ

　顧客には以下の３つのタイプがあります。

①**ロイヤルユーザー**……購入頻度が高くブランド愛が高い人

②**たまたま買ってるリピーター**……ブランド愛は低いが購入頻度が高い人（近くで購入できる、セールがあるなど）

③**いつか買いたい憧れユーザー**……購入頻度が低い、もしくはまったくないがブランドへの憧れが強い人

　化粧品のブランディングで見逃しがちなのがこの憧れユーザーです。実際に商品を購入していないので企業にメリットのない存在のように感じますが、この存在には２つの利点があります。

　１つ目は、将来の顧客になる可能性があることです。ロイヤルユーザーばかりに注力するとブランドが老化してしまいます。将来のある若い世代など、未来のロイヤルユーザーの育成は重要です。

　２つ目は、強い憧れをもつファンは、SNSやブログなどで商品をいかに素敵だと感じるのかを熱心に書き込んでくれることです。購入してくれなくても、第三者の声が集まれば集まるほどブランドは強化されます。

▶ 顧客とブランドの関係

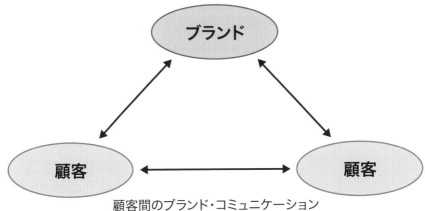

顧客間のブランド・コミュニケーション

▶ 顧客ロイヤルティ

自社の名前を表に出さない
アウトオブブランド

企業名を表に出さないマルチブランドの手法を日本の化粧品業界ではアウトオブブランドと呼びます。ブランド独自の世界観を構築することでターゲットを絞り、顧客との絆を強固にすることを目的にしています。

アウトオブブランドとは

　百貨店コスメなど、企業名を消費者に出さずブランドを展開するマルチブランドの手法を、日本の化粧品業界ではアウトオブブランドと呼びます。子会社として独立採算制にすることもあれば、大企業の1つの事業部になることもあります。

アウトオブブランドの立ち上げ方

　アウトオブブランドを立ち上げるには、さまざまなアプローチがあります。

①メイクアップアーティストと契約する

　大手企業がメイクアップアーティストと協業するブランドでは、契約の期間が限定的であるケースが多いようです。

　カネボウの「RMK」の初代メイクアップアーティストRUMIKO氏は退任し、数年後に別の会社であるポーラ・オルビスホールディングスの「アンプリチュード」のディレクターに就任しました。「RMK」は2021年からYUKI氏がクリエイティブディレクターに就任。コーセーの「アディクション」のクリエイティブディレクターは初代のAYAKO氏からKANAKO氏に交代しました。

②他社からの買収でブランドを獲得する

　最近ではグローバル市場で競争力を高めるために、海外企業の買収も活性化しています。買収で対象企業が現在の資産価値以上に収益をあげられるという期待から、高額のM&A案件になることがあります。

　日本の化粧品業界で特に大きなM&Aとして話題になったのが、2006年の花王によるカネボウの買収です。一つの会社となって以降も、花王とカネボウのブランド事業部は別々の部門として独

メイクアップアーティスト

ファッションショー、テレビ、映画、雑誌などに出演する俳優やタレントにプロとしてメイクを施す人のこと。

▶ アウトオブブランド立ち上げ時の他社や個人との関係

❶自社でブランドを立ち上げる

化粧品メーカー　クリエイティブディレクター　メイクアップアーティスト　＝　RMK（カネボウ）

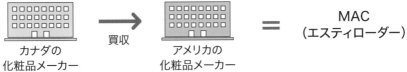

❷他社から買収してブランドを獲得する

カナダの化粧品メーカー　買収　アメリカの化粧品メーカー　＝　MAC（エスティローダー）

❸ライセンス契約を結ぶ

アメリカのファッションデザイナー　ライセンス契約　日本の化粧品メーカー　＝　ジルスチュアート（コーセー）

立し、縦割りで非効率な業務が残っていたため、2021年になり、合併から15年越し、2021年にブランド事業部が統合されました。

異なるカルチャーを持つ企業同士の合併は大きなメリットがありますが、難しさもあります。化粧品業界に限ったことではありません。

③ライセンス契約を結ぶ

既に有名な**アパレル企業**と契約する方法もあります。ジルスチュアートとコーセー、ポール＆ジョーと**アルビオン**などコーセーグループが積極的にライセンスブランドを成功させています。

> **アパレル企業**
> ジルスチュアート、ポール＆ジョーはアパレル企業。

> **アルビオン**
> コーセーグループの化粧品会社。

 ONE POINT

ブランド名を考えるのは難しい

　ブランドを自社で立ち上げる場合、世界の市場を視野に入れる必要があります。難しいのは、ブランド名を考えることです。日本では商標の使用が可能でも、海外ですでに他の企業が商標をとっている場合は使用できない可能性もあります。日本でも海外でも使えて、かつブランドとして浸透するような名前をつけなければいけないのです。

ポジショニング

競合会社との差別化を図るため ポジショニングマップを作成する

自社の商品の独自性が明確で差別化が図れているかを検証するためにポジショニングマップを作成します。差別化が不十分だと価格競争に巻き込まれて収益性が低くなります。これを避けるためにもポジショニングが重要です。

ポジショニングとは

セグメンテーションとターゲティングによって、狙うべき顧客を可視化することができたら、その後は「競合他社とどう差別化するのか」を考えます。これをポジショニングと呼びます。

化粧品業界の場合、他社との競争は絶対に避けられないため、他の商品と並んだときに自社のものを選んでもらうためにはどうしたら良いのかを考える必要があります。

ポジショニングマップの作り方

ポジショニングの際は、ポジショニングマップを作成し、デザイン、ネーミング、コンセプト、ストーリーをつくるときの羅針盤とします。**ステークホルダー**と打ち合わせをする際にズレがないか確認するとコミュニケーションが円滑に進みます。ポジショニングマップ作成の際は、以下の2ステップを行います。

ステップ1：ポジショニングマップの軸を選定する

ステップ2：選定した軸をもとに、自社および他社の商品をマップ上に配置する

ポジショニングマップは、自社の商品が競合商品とどのように差別化されているかを明確にするために作成する縦軸×横軸からなる二次元マップです。統計学的な処理をする場合は、消費者へのアンケート結果をもとに「**コレスポンデンス分析**」を使います。

まだ世の中に出ていない商品を企画する場合、頭の中のイメージをマッピングした簡易なものを使用します。化粧品ブランドの場合は、通常のポジショニングマップとは別に「どう生きたいのか」「どう見られたいのか」という志向性を軸にした右図のようなものを作成することもおすすめです。

ステークホルダー
企業が直接・間接的に影響を受ける利害関係。

コレスポンデンス分析
クロス集計結果を散布図にしてわかりやすく可視化する分析手法。

「心に響くキーワード」や「心の中で演じたいキャラクター像」などを具体的にイメージするとマーケティングに詳しくない人でも簡単に作ることができる

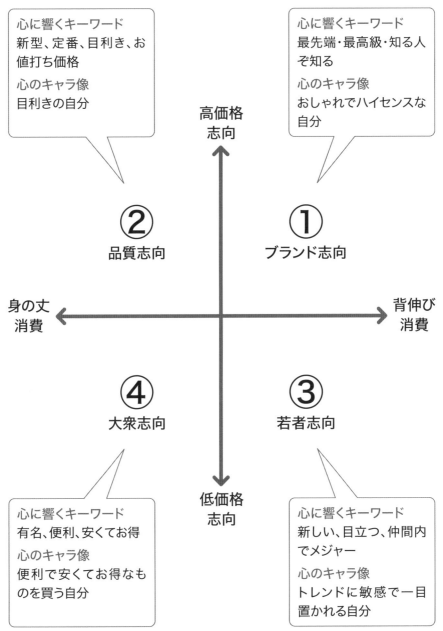

心に響くキーワード
新型、定番、目利き、お値打ち価格
心のキャラ像
目利きの自分

心に響くキーワード
最先端・最高級・知る人ぞ知る
心のキャラ像
おしゃれでハイセンスな自分

高価格
志向

② 品質志向

① ブランド志向

身の丈
消費

背伸び
消費

④ 大衆志向

③ 若者志向

低価格
志向

心に響くキーワード
有名、便利、安くてお得
心のキャラ像
便利で安くてお得なものを買う自分

心に響くキーワード
新しい、目立つ、仲間内でメジャー
心のキャラ像
トレンドに敏感で一目置かれる自分

出典:「売れる企画はマイクロヒット戦略で考えなさい!」(かんき出版)より著者一部改訂

第5章

化粧品業界のマーケティング

製品が販売されてから
衰退するまでのサイクル

ヒット商品もやがて衰退期を迎えることになりますが、化粧品業界には30年以上も売れ続けるロングセラー商品がいくつも存在します。衰退期に入る前に的確な施策を講じると製品の寿命は延びるのです。

製品ライフサイクルとは

　マーケティングでは、製品ライフサイクルという考え方があります。製品が市場に出回ってから撤退するまでを以下の4段階に分けており、化粧品も同様のプロセスを辿ります。

①**導入期**：潜在的なユーザーを掘り起こす。製造単価が高く、利益も売上も低い

②**成長期**：圧倒的に強いブランドにするために認知度を上げる。売上が伸びる

③**成熟期**：既存客にはなるべく離脱せずにリピートしてもらえるようにする。売上がピークに達する（価格競争に巻き込まれてシェアの奪い合いになる）

④**衰退期**：無駄な投資はせずに廃盤（ディスコン）の意思決定をする。需要が衰退する

ロングセラーが生まれる理由

　ほとんどの製品は、時間の違いはあるものの衰退期を迎えます。ただし、すべての製品が衰退していくわけではありません。化粧品業界には30年以上続く**ロングセラーコスメ**もあります。

　これは成長過程のくり返しで的確な手をうってきたからです。次のような刺激を与えることで、製品の寿命は延びていきます。

再導入期：新規の潜在的なユーザーを掘り起こす

再成長期：圧倒的に強いブランドにするために認知度を上げる

再成熟期：既存客にはなるべく離脱せずにリピートしてもらう

　たとえば、長い間化粧品ブランドを売り続けることで、最初は若かったターゲットの年齢層が、メーカーも気づかないうちに上がってしまっていることがあります。このような状況を放置する

ロングセラーコスメ
日本の高級化粧品ブランドは、制度品システムによってロングセラーを生むことができた。飲料や食品のように売れなかったらすぐ撤退をする多産多死ではなく、最初は売れなくても美容部員という人の力を使い中長期的にリピーターを育成することができたからだ。しかし近年はセルフ化やEC化が進み、化粧品業界も多産多死モデルにシフトしているため、これまでのようなロングセラー商品が産まれにくい環境にある。

▶ 製品ライフサイクル

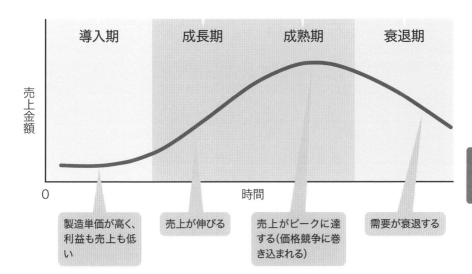

潜在的なユーザー
を掘り起こす

圧倒的に強いブラ
ンドにするために
認知度を上げる

既存客にはなるべく
離脱せずにリピートし
てもらえるようにする

無駄な投資はせず
に廃盤（ディスコン）
の意思決定をする

| 導入期 | 成長期 | 成熟期 | 衰退期 |

売上金額

0　　　　　　　　　　　　　　時間

製造単価が高く、
利益も売上も低
い

売上が伸びる

売上がピークに達
する(価格競争に巻
き込まれる)

需要が衰退する

— (この部分は図の一部)

とブランドが衰退します。その時にブランドが取るべきは、

①今の若い人が好むブランドにリニューアルする

②中高年専用のブランドにターゲットを変える

という2つの方法です。ロングセラーコスメは決して何もせず
に生き残ったのではなく、成熟期の段階で①か②の戦略を行うこ
とで衰退期に入る前に手を打っているのです。

撤退のタイミングが大切

ただし、このように化粧品がロングセラーとなるケースは一握
りで、多くの化粧品は途中で消えていきます。

製品が衰退期に入ってしまう場合、撤退の意思決定を的確なタ
イミングで行うことも重要です。

意思決定のポイントは以下の2つです。

・在庫の廃棄リスクをいかに抑えるか

・愛用者を自社から離脱させずに他の商品にいかに転換させるか

撤退の意思決定は、担当者の技量が最も問われる業務となります。

Chapter5 10

化粧品業界が近年注力している オンライン広告

2000年代にオンライン広告が登場した際は、広告費も安く規制も緩かったため、新興企業にとって最も費用対効果の高い広告媒体でした。しかし、最近では規制も厳しくなり広告費も高くなっています。

オンラインと広告とオフライン広告とは

化粧品マーケティングで重要な役割を占めるのが広告です。広告には、オンライン広告とオフライン広告があります。

オフライン広告は、テレビ、ラジオ、雑誌、新聞、交通広告、看板などで、従来からあるものがほとんどです。最近では**デジタルサイネージ**が店頭で展開されるようになりました。

化粧品会社が近年、注力しているのはオンライン（デジタル）広告です。資生堂は、広告媒体費のデジタル化率を現在の約50％から2023年には90％以上に引き上げると発表しました。

デジタルサイネージ
デジタル技術を使って情報を発信するメディアのこと。屋外や交通機関のディスプレイなど。

オンライン広告の規制

2000年代のオンライン広告は、お金がかからず規制が緩いというメリットがあり、それを享受していたのが新興企業です。

テレビや雑誌ではできない過激な表現、著作権や肖像権を無視した広告がネットの世界にあふれていました。特にシミ・しわ・たるみなどのコンプレックスを刺激するスキンケア商品では、一般流通の化粧品では使えないエッジのあるキャッチコピーで、まったく認知度のないブランドが数十億円売上をあげる商品（ブランド）に育つこともありました。

ただし、最近はメディア側の規制も強化され、薬機法や景品表示法に抵触したり、コンプレックス部分を露骨に表現した広告は出稿できなくなっています。

変化に対応できる人材の確保

オンライン広告の世界は、テクノロジーの進化やプラットフォームの**レギュレーション**の変更など、変化のスピードが非常に速

レギュレーション
規則や法令のこと。

▶ オンライン広告の種類

純広告

メディアの広告枠を買い取り
掲載する広告

リスティング広告

キーワードを検索した際に
画面の上に出てくる広告

SNS広告

SNSプラットフォームに
配信される広告

ネイティブ広告

コンテンツに自然に
溶け込ませている広告

くなっており、化粧品メーカー各社は人材獲得に躍起になっています。トップ企業でキャリアを積んだベテランを採用すれば良いというものでもなく、主流となる広告が時代と共に変わるので、常に優秀な若手人材の確保しなければならないのです。

　最近はオフラインとオンラインが連動しているので、デジタル広告もリアルの広告もトータルで設計する必要があります。社内に優秀なマーケッターが必要です。

タレント起用

化粧品広告における 人物起用の役割とは

化粧品の広告ではどのような人物を起用するかによって、企業へのイメージが大きく変わります。伝えたいメッセージ性は時代や企業によって異なるため、それに合ったタレントを起用します。

より身近な存在が求められるように

化粧品の広告では「人物」が重要な役割をもちます。

キャンペーンモデル
販促キャンペーンや企業イメージのプロモーションの際に起用されるタレント。

好感度の高い芸能人やモデルを**キャンペーンモデル**に起用して、地上波のゴールデンタイムのCMを流すというのが大手化粧品の広告の王道です。ただし、最近の消費者は、化粧品会社が提案する季節ごとのキャンペーンカラーをそのまま取り入れることがなくなりました。国民的な人気の女優が広告している商品より、自分に近い顔立ちのインスタグラマーやユーチューバーのおすすめのほうが購買に直接結びつくようになっています。

そこで、大手企業が芸能人を起用する場合も、キャンペーンモデルという立場ではなく、より身近な存在にするために愛用者代表のようにリアルな声を語ってもらう手法が増えています。

百貨店ブランドは本来ラグジュアリー感を出すために外国人モデルを起用することが多かったのですが、日本人に共感されやすいよう、最近は日本の芸能人を積極的に起用するようになりました。フランスのプレミアムブランドのランコムが日本の戸田恵梨香さんを起用した際は賛否両論ありましたが、今まで獲得できなかった層に親近感を持ってもらう効果が高かったそうです。

男性芸能人を起用することも

男性芸能人が女性向け化粧品のモデルに起用されるケースもあります。

1990年代には木村拓哉さんをカネボウの口紅のキャンペーンモデルに起用し、「こんなカッコイイ男性に愛されるために綺麗になろう」というメッセージを送りました。

2020年代の吉沢亮さんや横浜流星さんが起用されたメイクの

▶ 化粧品消費を誘引する４つのグループ

グループ	効果	代表的な職種
憧れの遠い存在	ブランドの信用力がアップ	芸能人、モデル、雑誌専属モデル
憧れの美容の先生	ブランドの説得力がアップする	美容家
共感できる美容の先生	ブランドの説得力がアップする	ユーチューバー、インスタグラマー、Twitter 有名美容アカウント、美容ジャーナリスト
共感できる友達	参考にしたい・真似したいウォッチしたい	ナノインフルエンサー、読者モデル、地下アイドル

広告では美しくメイクされた彼らが美の当事者そのものとして表現されています。ジェンダーレス化が進み、女性が憧れる対象が必ずしも女性ではなくなっているのです。

美容家の果たす役割とは

「美容家」とよばれる職業も確立されており、美容サロン経営者や芸能人（元も含む）などもその役割を担っています。石井美保さん、神崎恵さん、田中みな実さんなどが代表的な存在です。整った容姿でありながら、美容への探究心が桁違いに強く、包み隠さず自分のコンプレックスや美容法を教えてくれるため、女性たちに信頼されています。自分の Instagram や雑誌、WEB 記事で、人気の美容家が化粧品のレビューをすると、驚くほどの数が売れていきます。キャンペーンモデルと異なるのは、他の企業の商品を宣伝してはいけないという縛りがゆるく、さまざまな企業のPR広告を受けている点です。

これからは影響力のある男性美容家が登場することも予想されます。ジェンダーレスの流れもあり、女性も参考にしたくなるような男性美容家が人気になるでしょう。

化粧品業界を大きく変えた Instagramの登場

化粧品業界にとって、Instagramの登場は化粧品のターゲット、売れ筋商品、商習慣を変える歴史的な出来事です。Instagramの登場以降、特にポイントメイクの売れ筋が大きく変わりました。

インフルエンサーマーケティングとは

　化粧品のWEBプロモーションで効果が高いのが、インフルエンサーマーケティングです。インフルエンサーマーケティングとは、ユーチューバーやインスタグラマーなどでフォロワー数が多いインフルエンサーに商品を紹介してもらい、消費者の購買意識に影響を与えることです。

　化粧品は、他のカテゴリーよりもこの効果が高いといわれています。マーケティング支援会社トライバルメディアハウスによると、インフルエンサーによって興味や購入意向が高まる割合が高い商材はポイントメイクです。スキンケア、ヘアケアと比べても高い比率になっています。

ポイントメイク
目元や口など一部分を目立たせるメイクのこと。ベースメイク以外の部分。

Instagramの登場で変わったこと

　この傾向は、2017年から爆発的に広がったもので、この年のユーキャン新語・流行語大賞は「インスタ映え」でした。インスタ映えカルチャーが生まれる前と後では、ポイントメイクの売れ筋が大きく変わりました。

　以前は、女性が他人に自分のメイクアイテムやメイクをしている姿を見せる場は限られていました。ところが、Instagramの登場以降は、あらゆる形でメイクアイテムを見せることができるようになりました。「使用する前のパッケージ画像」「顔ではなく腕などに塗って見せる画像」「メイク前と後の違い」など、あらゆるものが「いいね」を集めるための投稿のネタになるのです。

　インスタ映えには、ブランドの自慢合戦の側面もあります。ブランドの洋服やバッグは高額ですが、コスメならハイブランドでも数千円で購入できます。これを背景に、百貨店コスメの人気が

▶ 商品ごとのインフルエンサーの影響力

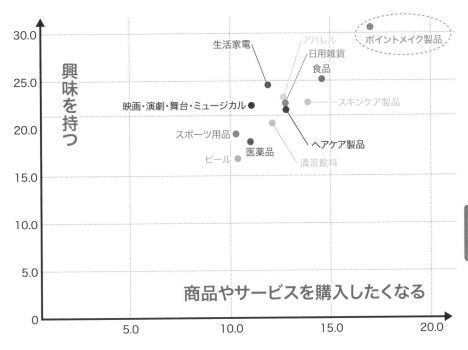

※株式会社トライバルメディアハウス「"売りにつながる"ソーシャルメディアとインフルエンサーの実態調査」(2020)より作成

復活し、中高校生の間でブランドコスメのニーズも高まりました。

　また、Instagramでは「意外性」「変化する要素」があるものはビジュアル受けがよく、「いいね」が集まりやすいので、塗ると色が変わる口紅や、写真映えするカラフルなアイカラーパレットなど、今まで売れ筋ではなかった商品が売れるなどの変化が起きました。

📍 Instagramのメディアとしての変化

　Instagramは、初期の頃は「インスタ映え」などを意識しないといけない「よそ行きのメディア」でした。しかし、ストーリーズが登場してからは、近況報告やダイレクトメッセージのやりとりをする生活密着型のメディアになりました。

　また、ショッピング機能やライブ機能などの利便性が高まったことで、滞在時間が長いメディアとなっています。

世代による Instagramの 使い方

30〜40代との大人世代はSNSのひとつとして使っているが、若い世代は生活インフラとして使っている。LINEよりもInstagramのDMで連絡をしている人も多く、Googleで調べるよりもInstagramで今まで保存した投稿から欲しいものを見つけるなど、大人世代とは違う行動をとる傾向がある。

Chapter5
13

インフルエンサーの発信する情報への取締りが厳しくなる

インフルエンサーの多くはこれまで薬機法や景表法を気にせず情報を発信していました。しかし、最近はインフルエンサーも法を守った情報発信が求められています。

インフルエンサーの表現が消費者に響く理由

インフルエンサーが発信する情報のほうが、メーカーが発信する情報より購入の動機になりやすいのが化粧品の特徴です。同じユーザーとして共感ができるからです。

しかし、それ以外にももう一つ理由があります。それは、インフルエンサーはメーカーと違って、薬機法（→P62）や景表法（→P64）を気にせず自由に感想を書いていることです。メーカー発信の情報に比べ、商品を魅力的に語ることができます。

メーカーが直接表現できないこと（たとえば「効く」という感想）を、インフルエンサーは実感を持って語ってくれます。多くのメーカーがインフルエンサーにプロモーション（#PR）を依頼する理由はそこにあるのです。

インフルエンサーも法律を遵守する流れに

インフルエンサーが何を書いても注意されることがなかったのは、消費者庁がインフルエンサーのPRコメントをひとつひとつ調べて注意することは物理的に不可能だからです。

ところが、最近の有名インフルエンサーは自発的に薬機法や景表法を遵守する意識が高くなっています。

インフルエンサーの違法な表現を見つけた一般の人が、スクリーンショットを撮って世間に向けて問題提起するケースが増えているからです。「法律違反だとは知らなかった」という理屈は通用しません。たとえ有名でなかったとしても、Twitterで指摘されることで一気に情報が拡散します。炎上を招いて謝罪文を発表しなければならない事態になることもあるため、個人のリスクも高くなっているのです。

資格名	主催団体	資格内容
薬事法管理者認定	薬事法有識者会議	健康食品、健康機具、化粧品、通販医薬品など大きく飛躍しているヘルスケアビジネスに必要不可欠な法的知識の取得者
日本化粧品検定	一般社団法人 日本化粧品検定協会	学生、美容従事者を中心に幅広い年齢層を対象に、体系的に専門的な化粧品や美容の知識を学ぶことができる資格
化粧品成分検定	一般社団法人 化粧品成分検定	全成分表示には、記載場所・記載順・成分名称などに細かなルールがあるため、化粧品の成分に対する正しい知識を身につけるための資格
薬学検定	薬学検定事務局	薬学の知識レベルを一定の基準でもって、客観的に評価する日本で唯一の資格
アロマテラピー検定	公共社団法人 日本アロマ環境協会	アロマテラピーの基礎知識を習得することで、さまざまな場面で植物の香りを役立てられるようにする資格

第5章 化粧品業界のマーケティング

🔘 表現の規制に関する知識を得るために

　化粧品会社や広告代理店など専門の職種に携わる人以外でも『化粧品等の適正広告ガイドライン』『化粧品等の適正広告ガイドライン』（日本化粧品工業連合会）『医薬品等適正広告基準』（厚労省）などのガイドラインに準拠した表現を行う必要があります。

　化粧品に関するさまざまな知識を学ぶために、上の表のように民間が提供している仕組みがあります。

　公的な資格ではありませんし、検定を受ける費用や定期的に発生する更新料など、金銭的な負担がかかります。それでも、フォロワーに信頼してもらうことはもちろん、広告代理店やメーカーに安心して広告案件を依頼してもらうために、資格をアピールポイントにする美容アカウントも増えています。

Chapter5
14

進化の過程にある
化粧品のアフィリエイト広告

アフィリエイト広告は、企業だけではなく一般の人も参入できる広告市場で、今後の伸びが期待されています。ただし、アクセス数を伸ばそうとするあまり、法的な問題が懸念されています。

アフィリエイト広告とは

　アフィリエイトとは、自ら運営するサイトで広告主の商品を宣伝し、そのページを見た人が実際に商品購入に至った場合に報酬が支払われる成功報酬型の広告です。この広告サイト運営者をアフィリエイターといい、企業だけではなく個人でも参入が可能です。アフィリエイト広告は今後も伸び続けると予測されており、特に女性向けのダイエット商材やコスメ商材等は注目を集める分野です。

　優秀なアフィリエイターも多く、メーカーが発信できないリアルな声や丁寧な解説で消費者のためになる広告を作成しています。メーカーでは細かく対応しきれないようなSEO対策まで練りに練っているので、メーカーにとって強い味方です。

化粧品におけるアフィリエイト広告の問題点

　ところが、アフィリエイトはクリック数を増やすことが目的のため、広告主であるメーカーが知らないところで薬機法や景品表示法を無視した表現になっているケースが多く、問題も増えています。特に、皮膚科学や配合成分の説明の間違いが多いようです。

　メーカーは、アフィリエイトでどんな過激な表現がされているかチェックすることができません。広告を見た人からクレームが入ってはじめて問題視されることもあります。化粧品の情報を調べるために検索しても上位にあがるのがアフィリエイターの過激な表現だらけという状況は、検索サイトにとってもよくありません。

　このような問題を解決するために、アフィリエイトを取り巻く環境は、年々厳格化しています。2014〜2015年頃にはTwitterのアフィリエイトが盛んでしたが、現在はアフィリエイトリンク

■ アフィリエイトの仕組み

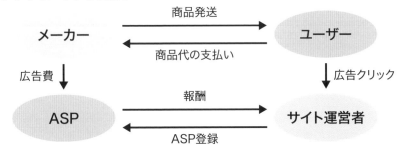

■ 国内アフィリエイト市場規模の推移と予測

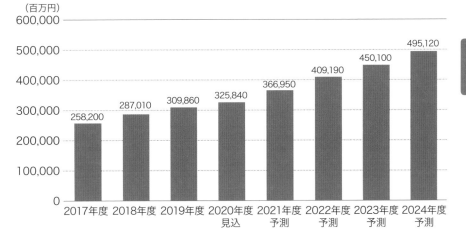

(百万円)

2017年度	258,200
2018年度	287,010
2019年度	309,860
2020年度 見込	325,840
2021年度 予測	366,950
2022年度 予測	409,190
2023年度 予測	450,100
2024年度 予測	495,120

※出所:(株)矢野経済研究所「アフィリエイト市場に関する調査(2020年)」2021年2月17日発表
注:アフィリエイト広告の成果報酬額、手数料、諸費用を合算し算出した。

を貼る規制が強くなっています(アフィリエイトブログへのリンクを貼ることは規制されていません)。最近では、**ITP**によるクッキー制限、Googleアルゴリズムのアップデートによる検索順位変動、ヤフーのアフィリエイトサイトの広告出稿の厳格化など、次々と規制強化が行われています。

現時点では、アフィリエイト広告で違法な表現があった場合、消費者庁に課徴金と共に名前を公開されて罰せられるのはメーカーです。広告を作成したアフィリエイターでも**ASP**でもありません。今後、アフィリエイターも罰せられる制度になれば、誤った情報が消費者に届く可能性は減るでしょう。

アリフィエイトは、市場拡大とレギュレーションの厳格化が同時に起きており、進化の過程にある広告手法なのです。

ITP
AppleがSafariに搭載したトラッキング防止機能。Intelligent Tracking Preventionの略。

ASP
ネット上でアプリケーションを利用するサービスや業者のこと。Application Service Providerの略。

資生堂が日用品事業を売却した理由

有名だった資生堂の
日用品事業

資生堂はアジアを中心にドラッグストアやスーパーなどの量販店で「TSUBAKI」「専科」「uno」など低価格帯の日用品事業を展開していました。2019年12月期の売上は約1,000億円、前年比6％の伸びという成長率も高いブランドです。

しかし、資生堂は2021年にこれらの事業を欧州系大手投資ファンドのCVCキャピタル・パートナーズに譲渡し、大きな話題となりました。

化粧品業界外の人にとっても驚くような事業売却で、さまざまな憶測が飛び交いました。

グローバル市場と日本市場の
価値観の違い

しかし、化粧品業界に身をおく人にとっては、この売却は納得のいくものでした。なぜなら、数万円もするプレステージブランドにも1,000円以下のシャンプーにも同じ「資生堂」という名前がついていることは、グローバルブランドとして難しい点があったからです。

一億層中流と呼ばれていたかつての日本では、みんなが「資生堂」という同じ企業ブランドの中で自分の年代に合ったブランドを選ぶ消費モデルが適していました。

しかし、階層がはっきり分かれている欧米社会では、この考え方は通用しません。そのため、日本式のブランド戦略は、グローバル市場では弱点だったのです。

過去には低価格ブランドから資生堂の名前を外す試みを行ったこともありましたが、中途半端に終わってしまいました。

グローバル市場でロレアルやエスティーローダーグループと対等に戦うためには、デパートや化粧品専門店などで販売する収益性の高い高価格帯ブランドに経営資源を集中させる必要があります。

ただし今回の売却は完全な切り売りではなく、資生堂の出資比率が35％を占めています。社名は「株式会社ファイントゥデイ資生堂」に変わりますが、今後は事業ノウハウを提供しサポートしていく方針です。

第6章

化粧品の
商品開発

この章では、商品開発の基礎として、化粧品の販売に
必要な厚生労働省や保健所からの許可に加え、化粧品
の「名称」と「種類別名称」の違いについて学びます。
次に、商品企画で重要なプロダクトアウトとマーケッ
トインの考え方について、加えて安心安全な化粧品に
必要な安定性や安全性試験がどのように行われている
のかを学びます。

Chapter6
01 化粧品の販売には許可が必要

化粧品の製造・販売をするには、厚生労働省や保健所からの許可が必要です。これらの許可を得るにはさまざまな条件があります。ただし、OEM企業に製造・販売を依頼すれば、これらの許可は必要ありません。

化粧品を製造して販売するための2つの許可

自社の名前で化粧品を製造して販売するためには、以下の許可を取得する必要があります。

- **化粧品製造許可**……化粧品を「製造」するための許可。大手企業やOEM企業（→P60）が取得する（厚生労働省の管轄）
- **化粧品製造販売業許可**……化粧品を「販売」するための許可。この許可を取得した会社が化粧品製造販売業許可業者となり、品質のすべての責任を負う。許可を得るためには右図の要件が必要（保健所の管轄）

OEM企業に依頼する場合の注意点

これらの許可を取得しなくても、化粧品を販売する方法があります。美容室、ホテル、旅館、タレント、インフルエンサーなど、多くの店舗、個人、会社がOEM企業を利用してオリジナル化粧品を発売していますが、化粧品製造許可と化粧品製造販売業許可の両方を持っているOEM企業に依頼をしているのです。

販売まで依頼する場合は、製造のみを依頼するよりもコストが高くなります。また、製造販売業者の記載がOEM業者の社名・住所となり、自社のブランド名と併記されます。

製造を外注した場合でも、安全性は発売元である企業も担保すべきです。大手化粧品会社の場合は研究所や安全性評価の部門で自社基準に合っているかどうか確認しますが、異業種参入の場合、自社で品質評価の実験室を持つ事は現実的に難しいため、安全性評価専門の外注業者を利用します。個人や中小企業は、OEM企業から提示された安全性や品質のレポートのみの確認で自社の検証を行うことなく発売することが多いのが現状です。

▶ 化粧品製造販売及び製造業態数

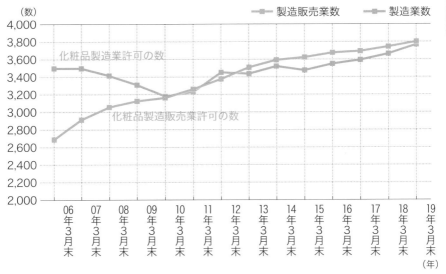

化粧品製造業許可の数

化粧品製造販売業許可の数

製造販売業数 製造業数

厚生労働省　人口動態保険社会統計課調べ

自社で化粧品製造販売業許可を得るための2つの要件

❶ 総括製造販売責任者、品質保証責任者、安全管理責任者を常勤で配置

※上記になるために必要な資格
- 薬剤師
- 高校、高専、大学等で、薬学又は化学の専門課程を修了
- 高校、高専、大学等で、薬学又は化学の科目を修得し、その後化粧品（又は部外品・医薬品）の品質管理又は安全管理業務に3年従事

❷ 品質保証体制、安全管理体制の構築

※GQP・GVP体制の整備
GQP＝化粧品の品質保証に関する基準
GVP＝化粧品の市販簿安全管理に関する基準

Chapter6 02

化粧品が出荷されるまでの5つのステップ

化粧品は、「商品企画」「バルク開発」「評価」「容器開発」「製造」という過程を経て出荷されます。この工程の中で、当初の企画から中身が少し変わってしまう難しさもあります。

📍 商品企画の通りに開発できるとは限らない

化粧品メーカーの規模や戦略によって製造のプロセスは変わることもありますが、基本的な流れは以下のようになります。

●ステップ1：商品企画

経営戦略に基づいてブランド戦略や商品企画を考えます。オーナー社長のスタートアップ企業や個人事業主の場合は担当者の裁量が大きくなりますが、大手企業の場合は直属の上司・事業部長・社長まで多くの意思決定プロセスを必要とします。そのため、担当者のアイデアだけで商品化される確率は低くなります。

●ステップ2：バルク開発

商品コンセプトが決定したらバルク開発を行います。バルクとは「容器に充填する前の化粧品」のこと。原材料を製造釜などでかき混ぜた状態のもののことです。

商品企画が希望しているテクスチャーや成分通りに企画が進むことは難しく、商品企画に沿って研究所またはOEM企業が実現していきます。原価や数量、企業が持っている技術特性などで実現できる処方は限られるからです。また、近年は国内に限らず海外での展開を視野に入れるケースも多く、EUや中国の規制を考慮すると、さらに開発の幅が狭くなります。

●ステップ3－1：評価

バルク開発を行った後は、社内の専門部門や外部の評価機構が評価を行います。効果、安全性、安定性などを調べ、アレルギーテストやSPFの計測も必要に応じて行います。

●ステップ3－2：容器開発

ブランドや商品のコンセプトに合ったパッケージ開発を進めていきます。社内デザイン部または外部のデザイン会社、容器メー

テクスチャー
化粧品をつけたときのさわり心地などの感触や質感のこと。

SPF
Sun Protection Factor（サンプロテクションファクター）の略。日焼けの原因となるUVB（紫外線B波）を防ぐ指標。

▶ 商品開発の過程

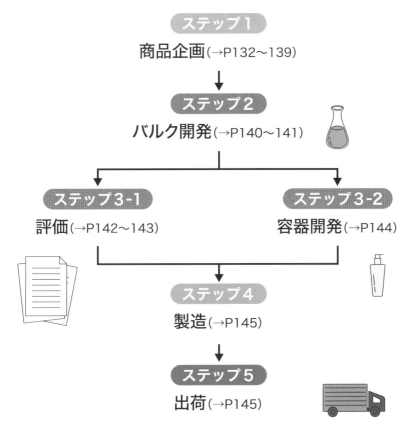

ステップ1
商品企画(→P132〜139)

ステップ2
バルク開発(→P140〜141)

ステップ3-1
評価(→P142〜143)

ステップ3-2
容器開発(→P144)

ステップ4
製造(→P145)

ステップ5
出荷(→P145)

カー、印刷会社などと一緒に作り上げていきます。最近はサステナビリティが重要視されるため、今まで以上に新しい発想や技術が必要です。バルクとの相性を考えながら進める必要があります。

● **ステップ4：製造**

　バルクとパッケージが決定したら生産がはじまります。研究所でつくられたバルクを工場でスケールアップすると、テクスチャーが変わってしまうことも少なくありません。そのまま商品として出せない場合は、原因を突き止めて当初のテクスチャーに近いものができるように調整します。特に硬さや柔らかさは量産すると変わりやすいので調整するケースが多いようです。

● **ステップ5：出荷**

　製造が終わったら検品をして出荷が行われます。

ヒットする化粧品企画は2つの発想の融合で生まれる

商品企画には、会社の持っている技術を基準とするプロダクトアウトと、お客様のニーズを基準とするマーケットインの2つの考え方があります。この2つの考えをうまく組み合わせることで大ヒット商品が生まれます。

商品企画における2つの考え方

自社の研究所との打ち合わせや、パートナーとするOEM企業が決まったら、商品の企画開発に移ります。商品企画には以下の2つの考え方があります。

◎プロダクトアウト

会社のつくりたいもの、つくれるものを基準に商品を開発することです。新しい技術（乳化などの製法）や新規成分が配合された発明的な化粧品が多くなります。ただし、このような独自技術を持っている企業ばかりではありません。

◎マーケットイン

お客様のニーズを基準に商品の企画開発を行うこと。最先端の独自技術である必要はありません。化粧品は昔からある基本技術でも高品質なものがつくれるため、自社の研究施設を持っていない企業もアイデアだけで数十億円のヒット商品が生まれます。

プロダクトアウトだけでは良い商品は生まれない

高度経済成長期の頃は、新しいものをつくれば売れたため、プロダクトアウト発想からスタートする商品開発が多かったようです。

しかし、現代のようにものがあふれる時代は、プロダクトアウト発想だけでヒット商品をつくることはできません。

研究開発で今までにない画期的なイノベーションが起こったとしても、それがお客様のベネフィットに直結しないと意味がないのです。マーケットイン発想とプロダクトアウト発想のどちらかが優れているわけではありません。プロダクトアウト発想とマーケットイン発想を相互に補完し合うことでイノベーションが生まれ、うまく融合した時にヒット商品が生まれます。

ベネフィット
顧客が商品から実感できる良い効果のこと。

▶ プロダクトアウトとマーケットインのバランスをとる

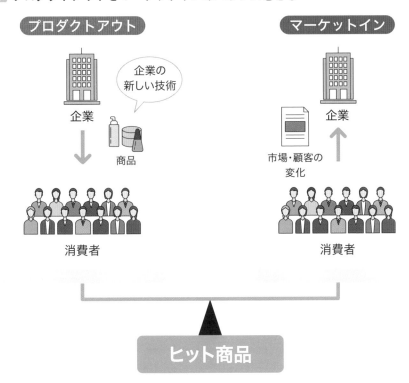

新興企業の有利な点

　このようにイノベーションは必ずしもテクノロジーから生まれるわけではありません。新しい価値の創造は、技術や成分、皮膚科学的発見だけではないのです。

　今後は、新しい使用法（塗り方やステップ）を発見したり、アプリなどデジタル技術と連動したり、これまで化粧品とは結びつかなかったものと合体させるなど、化粧品の品質そのものではない部分でのイノベーションが活発化するでしょう。

　「最先端の化粧品をつくるのは大手化粧品会社」というこれまでの常識は崩れつつあります。むしろ、大手企業は組織の壁があり柔軟に動けないため、新興企業のほうがイノベーションを起こしやすい環境にあります。新興企業に有利な点があるのも、化粧品ビジネスの魅力の1つです。

Chapter6
04
化粧品の名称は
売上に大きく影響する

化粧品のネーミングは売上に大きく影響します。各都道府県の規定や他社の商標権を侵害しない名称を考える必要があり、難易度の高い業務です。化粧品には商品名とは別に「種類別名称」と呼ばれるものもあります。

化粧品企画で最も力を入れるプロセス

化粧品開発のプロセスで、最も力を入れるのがネーミングです。化粧品のコンセプトがそのままネーミングになっていると、消費者に強くアピールできるためヒットする確率が上がるといわれています。消費者が目や耳にするのは商品名ですから、意味のない言葉よりも商品の効果効能がわかりやすいネーミングのほうが覚えてもらいやすく、買いたいという気持ちも生まれます。

守るべき都道府県の規定

化粧品のネーミングは非常に難易度が高い業務です。ただ良い名前を思いついてもほとんど採用されることはありません。各都道府県の規定と商標を同時にクリアしなくてはならないからです。規定を守りながら、他社が獲得していない魅力的な商標を探すのは非常に困難ですが、同時に商品企画担当者の腕の見せ所でもあります。

名称の届け出は各都道府県で行うので、それぞれの規定に従います。そのため、届け出る都道府県によってその名前が通る場合と通らない場合があります。

たとえば、東京都の場合は右上図のような規定があります。東京の場合、「成分名」「効果」などをダイレクトに使えないため、差別化を狙って独創的なネーミングを考えることになります。

ただし、独創的な名前を追い求めるあまり、商品名だけでその商品の用途が伝わらないこともあります。そういった事態を防ぐため、消費者が商品選択の基準となるように「種類別名称」をつけるルールが化粧品公正取引協議会にて定められています。商品名に種類別名称が含まれる場合は、表記する必要はありません。

種類別名称
商品名だけでは商品の用途が伝わらないときに、用途がわかるようにつける名称のこと。

▶ 東京都健康安全研究センターの規定（チェックリスト）

☐ 既存の医薬品及び医薬部外品と同一の名称を用いないでください

☐ 虚偽・誇大な名称あるいは誤解を招くおそれのある名称を用いないでください

☐ 配合されている成分のうち、特定の成分名称を販売名に用いないでください

☐ 剤型と異なる名称を用いないでください

☐ 他社が商標権を有することが明白な名称を用いないでください

☐ 化粧品の表示に関する公正競争規約に抵触するものを用いないでください

☐ 医薬品又は医薬部外品とまぎらわしい名称を用いないでください

▶ 種類別名称

種類別別称		代わるべき名称
頭髪用化粧品	整髪料	ヘアオイル、椿油
		スタイリング(料)
		セット(料)
		ブロー(料)
		ブラッシング(料)
		チック、ヘアスティック、ポマード
		ヘアクリーム、ヘアソリッド
		ヘアスプレー
		ヘアラッカー
		ヘアリキッド
		ヘアウォーター、ヘアワックス、ヘアフォーム、ヘアジェル
	養毛料	トニック、ヘアローション
		ヘアトリートメント、ヘアコンディショナー、ヘアパック
	頭皮料	頭皮用トリートメント
	毛髪着色料	染毛料
		ヘアカラースプレー、ヘアカラースチック
		カラーリンス
		ヘアマニュキュア
	洗髪料	シャンプー、洗髪粉
	ヘアリンス	リンス

種類別別称		代わるべき名称
皮膚用化粧品	化粧水	スキンローション、柔軟化粧水、収れん化粧水
	化粧液	保湿液、美容液
	クリーム	油性クリーム、中油性クリーム、弱油性クリーム
	乳液	ミルクローション、スキンミルク
	日やけ（用）	
	日やけ止め（用）	
	洗浄料	洗顔(料)、クレンジング、洗粉、クレンザー、メークアップリムーバー、メーク落とし、フェイシャルソープ ボディシャンプー、ボディソープ ハンドソープ
	ひげそり（用）	プレシェービング、アフターシェービング
	むだ毛そり（用）	
	フェイシャルリンス	
	パック	マスク
	化粧用油 （椿油のように整髪に使われるものは除き、皮膚用に使用するもののみ）	オリーブ油
		スキンオイル
		ベビーオイル
	ボディリンス	
	マッサージ（料）	

種類別別称		代わるべき名称
オーデコロン	香水	パルファン
香水	オーデコロン	コロン、フレッシュコロン、パルファンドトワレ、パフュームコロン、オードトワレ、オードパルファン、香気

種類別別称		代わるべき名称
仕上げ用化粧品	ファンデーション	フェースカラー、コンシーラー
	化粧下地	メークアップベース、プレメークアップ
	おしろい	フェースパウダー
	口紅	リップスティック、リップルージュ、
		リップカラー、リップペンシル、練紅
		リップグロス、リップライナー
	アイメークアップ	アイシャドウ、アイカラー
		アイライナー
		眉墨、アイブローペンシル、アイブローブラッシュ
		マスカラ、まつげ化粧料
	頬化粧料	頬紅、チークカラー、チークルージュ
	ボディメークアップ	

種類別別称		代わるべき名称
その他	浴用化粧料	バスソルト、バスオイル、バブルバス、フォームバス
	爪化粧料	ネイルエナメル、マニキュア、ネイルカラー、ネイルポリッシュ、ペディキュア、ネイルラッカー ネイルクリーム 除光液、トップコート、ベースコート、エナメルうすめ液、ネイルエッセンス
	ボディパウダー	タルカムパウダー、バスパウダー、パフュームパウダー、ベビーパウダー、天瓜粉

※化粧品公正取引協議会HPより作成

Chapter6 05

新しいアイデアを生み出すときに意識するべきこと

新しいアイデアを生み出すことは、企画担当者にとって最も大切なことの一つです。闇雲に考えるだけでなく顧客の不満などに着目することで、良いアイデアが生まれやすくなります。

企画担当者の大きな目標とは

世の中になかった初めての化粧品を作ってヒットさせることは企画担当者の大きな目標です。革新的な技術がない場合でも、アイデア次第で新しい化粧品を生み出すことができます。

新しいアイデアを生み出すうえで大切なのは、顧客の感じている不満に着目することです。

たとえば、メイクでより大きな瞳を演出したい若い消費者は、二重の線や涙袋を線で描くメイクをしています。ところが、以前は専用商品がなかったため、他の商品で代替していました。「普通のアイライナーでは濃すぎる、アイブロウペンシルでは硬くて痛い、アイシャドウでは繊細な線が出ない」という潜在的な不満がありました。

そこでカネボウの「ケイト」は通常のアイライナーとしては薄すぎる色を開発し、二重のライン専用アイライナーとして売り出したのです。これにより、新しいカテゴリーを創造し、アイライナーを2本購入してもらうことに成功しました。

新しい化粧品を生み出す2つの発想法

他にも、以下の2つのような発想で、新しい化粧品を生み出す企画へとつながります。

①××できる化粧品

たとえば、「化粧のステップを減らすことができる」商品は、消費者の潜在的ニーズを刺激します。

オールインワンゲルやBBクリーム、色付き日焼け止めなど今まで2品も3品も使っていたステップを1つにしてしまう商品は、どれも大ヒットしています。

▶ 「××できる」「××しながらできる」アイデアの例

××できる化粧品

- 捨てられる
- 持ち歩ける
- 冷やせる
- 温められる
- 再利用できる
- 収納できる

××しながらできる化粧品

- お風呂に入りながらできる
- 家にいながらできる
- 寝ながらできる

××でもできる化粧品

- 男性でもできる
- 子どもでもできる

　また、コロナ禍では「せっけんで落とすことができる」クレンジング剤不要のファンデーションやポイントメイクニーズが高まりました。マスクで肌が隠れるので、カバー力よりも肌へのやさしさや利便性が評価されるようになったためです。

②××しながらできる化粧品

　たとえば、洗顔とスキンケアができる朝用フェイスマスク（サボリーノ「目ざまシート」）は、「ベッドで寝ながら」洗顔もスキンケアもできるスキンケアという新しい使用法を提案し、新たなカテゴリーを創造しました。

　お風呂に吊り下げることのできるボディ乳液「ビオレu ザ ボディ」は、「お風呂場で立ちながら」ぬれた肌に使用できます。

　この2つの商品は、起床や睡眠など、生活のルーティーンに合わせたコンセプトを考えることで、時間がない人や面倒くさがりの人がケアを習慣化できる仕組みをつくっています。

Chapter6
06

ものづくりとしての化粧品は
バルク開発から

商品企画が終わったら、化粧品開発のプロセスに入ります。まず企画を具現化して売るために行うのがバルク開発です。基剤で品質が決まり、コンセプト成分で差別化を図り、安定化成分で劣化を防ぎます。

化粧品の組成の成り立ち

　化粧品の企画内容が決定したら、バルク開発で企画を具体化します。バルク開発は、主に基剤、コンセプト成分、安定化成分から成り立っています。

○基剤

　化粧品の品質は基剤によって決まります。基剤は主に水性原料、油性原料、溶剤（界面活性剤など）、粉体などを混ぜたものです。これらの配合割合や企業独自の配合技術でテクスチャー（→P130）が変わってきます。

○コンセプト成分

　原料単位で占める割合は1％以下のことも多いのですが、この微量な成分こそが差別化の鍵を握っています。

　化粧品の配合成分は配合比率の高いものから順番に記載されていますが、1％以下の成分は順不同で記載できるため、アピールしたい成分を上位に表記することが可能です。

　既存の成分を配合するだけでは強く差別化をアピールできないため、企業は成分に独自の名前をつけることもあります。

　また、複数の成分を組み合わせることでオリジナル成分の効果を訴求することもあります。PR上では新規成分として扱えますが、成分表への記載は正確な成分名を記載しなければなりません。

　コンセプト成分はものによって価格差が大きいのですが、高価な成分を配合しても、消費者にその価値が伝わらないケースが少なくありません。

　「どんな成分を配合するか？」だけでなく「どのように消費者に伝えるか？」も考える必要があります。

▶ 化粧品の組成

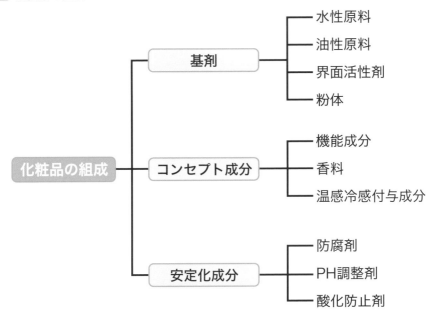

◎安定化成分

化粧品の腐敗や結晶化による分離など、劣化を防ぐための成分です。

香料を入れる理由

化粧品コンセプト成分として香料を配合することがあります。その理由は、主に2つのパターンがあります。

①原料臭などをマスキングするため

無香料で製造しても、原料臭が感じられる化粧品は「臭い化粧品」という認識になってしまいます。消費者が望む無香料化粧品は「無臭化粧品」です。そのため、原料臭が感じられる場合は、香料によって気にならないように調整（マスキング）します。

②香りをメインのコンセプトで打ち出すため

使用中の高揚感を高める、リラックスするなど、香料の効果は脳科学的にも証明されています。最近ニーズが高まっている天然香料は、合成香料よりもコストが高く安定的な供給が難しいため、中〜高価格帯の化粧品で採用されています。

Chapter6
07
安心安全な化粧品に必要なプロセス

化粧品は安定性や安全性についての試験を重ねた後に、店頭に並べられます。中小企業よりも大手企業のほうが基準が厳しいため、企画から店頭に並ぶまでのスピードが遅い傾向にあります。

同じ成分を使っても同じ化粧品は作れない

化粧品パッケージの裏面を見ると、使われているすべての成分が記入されています。しかし、成分の種類を見れば同じ商品が再現できるわけではありません。配合量・配合の順番・加える熱・混ぜ方・時間などは企業の独自技術だからです。

化粧品はよく料理に例えられます。材料だけ書かれていても、調理法（分量・下準備・加熱時間）がわからなければ同じものを再現できないのです。

安定性試験で劣化が起こらないか確認する

化粧品の製造は、処方が完成しただけでは終わりません。倉庫での保管や運搬、店頭での陳列、家庭での保存など、あらゆる過程を経て使用されます。そのため、化粧品が時間を経過して劣化しないかを検証するために安定性試験を行います。たとえば、長期保存試験、加速試験、苛酷試験によって、外観変化、臭い変化、物性変化がないかを確認するものです。

他にもメイクアップ商品などは落として粉々になることもあるので、落下試験なども行います。安定性試験の実施方法には厚生労働省のガイドラインがありますが、規則ではないためメーカーによって違いがあります。通常は３ヶ月ほど試験期間を設けます。製薬会社はより自社基準が厳しいため、開発期間が長くなる傾向があります。

安全性試験のスピード感の違い

安全性についても試験を行います。製品を使用した部位へのトラブルだけではなく、全身に対する影響がないか、人だけではな

長期保存試験
申請する貯蔵方法と有効期間で、製品の性質が適正に保持されるかどうかを評価する試験。

加速試験
化学的または物理的変化を促進して保存することで、長期間保存した場合の化学的変化を予測し，流通期間中に起こり得る短期的な逸脱の影響を評価するための試験。

苛酷試験
流通の間に遭遇する可能性のある苛酷な条件における品質の安定性を確かめるための試験。

▶ 化粧品をつくる過程で行うこと

処方	配合成分、配合量・配合の順番・加える熱・混ぜ方・時間
安定性試験	温度、湿度、光
安全性試験	部位、全身、環境

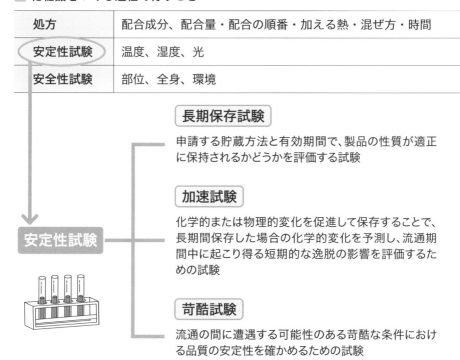

安定性試験

【長期保存試験】
申請する貯蔵方法と有効期間で、製品の性質が適正に保持されるかどうかを評価する試験

【加速試験】
化学的または物理的変化を促進して保存することで、長期間保存した場合の化学的変化を予測し、流通期間中に起こり得る短期的な逸脱の影響を評価するための試験

【苛酷試験】
流通の間に遭遇する可能性のある苛酷な条件における品質の安定性を確かめるための試験

く環境への影響がないかなども細かく確認しています。化粧品会社によっては非常に自社基準が厳しい企業もあります。安心・安全なイメージは見えない企業努力で培われているのです。

ただし、自社基準にしばられるあまり、新しい処方に挑戦できないというデメリットもあります。そのため、新規企業のほうが新規成分や独自性の高いテクスチャーなどを取り入れるスピードが早い傾向もあります。

化粧品業界では、流行している商品の類似商品がよく後追いで発売されます。基準がゆるい化粧品会社は、3ヶ月ほどで他社のヒット商品と同じようなものを市場に出すことが可能です。ところが、自社基準が厳しい化粧品会社は基準をクリアするためのプロセスが多いため、1年以上かかってしまいます。

最近、大手化粧品会社では、競争力を高めるために、いかに安全性・安定性を担保しながら早急に市場に合った商品を出せるかという業務改革が進められています。

Chapter6 08

容器の選定、製造を経て出荷を行う

バルク開発の後は、容器の開発や製造などが行われます。容器の開発では独自性を打ち出すことに各社力を入れています。製造の過程では、温室効果ガスや廃棄物の削減が求められています。

容器の開発

PE
ポリエチレンの略。プラスチックでできており、薬品への耐性が強い。

PET
ポリエチレンテレフタレートの略。通称ペット。薬品への耐性が強く、透明性がある。

再生樹脂
プラスチック材料として使用される再生材料のこと。

バルク開発をした後は、容器の開発に移ります。

容器の開発では、まず化粧品を入れる容器の素材（PE、PET、ガラス、再生樹脂）や形状（スプレー、チューブ、ディスペンサー等）を選びます。

その後、着色や加工について検討します。容器の着色の方法やキラキラ光る加工（ホットスタンプ、箔押し、金冠等）によってはコストアップになるので、販売価格とのバランスが大切です。

ブランドの独自性を打ち出すために、印象に残る個性的なデザインをつくることに各社力を入れています。

ただし、最近は消費者から暮らしに馴染むシンプルな容器が求められていることもあり、大手企業よりも新興企業のほうがセンスやアイデアが秀でていることも少なくありません。

化粧品を製造して出荷する

バージンシール貼り
パッケージの開封口のシールを貼る作業のこと。開封防止に役立つ。

シュリンク加工
ビニールを縮させて、中身にぴったりと貼り付かせること。商品の汚れを防ぐ。

アイキャッチシール貼り
商品から飛び出すようにシールを貼る。お客様に商品をアピールできる。

容器の開発が終わったら、最後に化粧品の製造を行います。化粧品の内容物について必要な分量を量り取り、混合、充填を行います。そして、パッケージ（バージンシール貼り、シュリンク加工、箱の組み立てと箱入れ、アイキャッチシール貼り、ラベル貼り、内箱への梱包、外箱段ボールの梱包など）を行い、検品を経て出荷となります。

菅政権は2020年に「2050年までに、温室効果ガスの排出を全体としてゼロにする、すなわち2050年カーボンニュートラル、脱炭素社会の実現を目指す」ことを宣言しました。製造工程では、温室効果ガスや廃棄物の削減など、環境に配慮した製造が求められています。

▶ 化粧品製造の過程

製造

化粧品の内容物を量り取り、混合する作業。特殊な製造法や工程が多い場合、その分コストがかかる
近年の工場は、温室ガスや廃棄物の削減など、環境に配慮した製造が求められてるため、ISO認証の取得等も課題

充填

容器に内容物を充填する作業。規格外のサイズ・形状など、オートメーションの機械に対応していない場合、手作業での充填になるため、コストがかかる。容器の洗浄作業も大きな製造技術のひとつ

パッケージ

充填した商品をパッケージに入れる作業。バージンシール貼り、シュリンク加工、箱の組み立てと箱入れ、アイキャッチシール貼り、ラベル貼り、内箱への梱包、外箱段ボールの梱包などがある。これらの作業も、複雑化するほどコストアップになる

検品・納品

箱詰めされた商品を1つ1つ確認し、出荷できる状態にある商品と、出荷できない不良品に仕分ける
異物の混入がないか、容器に割れや欠けはないか、梱包に破れはないのかなどを確認する

👍 ONE POINT

新しい開発にはコストかかる

世の中にないまったく新しい化粧品のアイデアを実現するためには、コスト面で大きなハードルがあります。化粧品企画の現場で多くの新しいアイデアが生まれていますが、コスト面で断念されることが少なくありません。
たとえば、バルクは少ない量でも発注することができますが、容器は少量での発注ができません。そのため、少量のテスト販売をする場合でも、大量の容器を発する必要があります。
製造も、特殊な製造法や工程が多い場合、規格外のサイズ・形状など、オートメーションの機械に対応していない場合、手作業での充填になるためコストが高くなります。

成分に神秘性を持たせるオリジナルネーミング

Chapter6
09

化粧品は食品や医薬品と違い成分をすべて表示する必要があります。同じ成分を使った模倣品をつくられないようにするためには、成分に神秘性を持たせることが重要です。

神秘的成分が重要なわけ

　化粧品は食品や医薬品と違い「成分の神秘性」が重要です。全成分が表示されており、何が配合されているかが明確だからです。「同じ成分を入れれば同じ効き目」となってしまうと、安い価格の後発品のほうが優位になってしまいます。必ずしもそうはならず、高価格なロングセラー化粧品が存在するのは、成分の神秘性を売りにしたマーケティングをしているからです。

　この手法のひとつに、自社特有のネーミングにして付加価値をつけるというものがあります。最も有名なのがSK-Ⅱのピテラ™です。ピテラ™は商標登録された名前で、表示成分はガラクトミセス培養液です。

　ガラクトミセス培養液を配合したスキンケアは、他でもみられますが、ピテラ™は独自のプロセスで発酵しており、消費者からも絶大な信頼が寄せられています。

　通常、化粧品は商品名を覚えてもらうコミュニケーションをしますが、SK-Ⅱは商品名よりもこのピテラ™という成分を前面に打ち出したCMを80年代から続けています。「発酵成分であること」「杜氏の手の白さからインスピレーションを得て生まれたこと」など、右脳的な開発ストーリーを伝えることで、左脳的なスキンケアマニアではなく、一般層の認知を獲得しています。

クレーム ドゥ・ラ・メールの神秘的成分

　成分の神秘性を売りにしたもう一つの例として、「クレームドゥ・ラ・メール」があります。表示名称では褐藻エキスとなっており、ミラクル ブロス™という神秘的な成分が含まれています。

　NASA航空宇宙局の物理学者だったマックス・ヒューバー博士

褐藻
もずくやワカメ、昆布などの褐色の海藻。

⊳ 化粧品と医薬部外品の成分表示の違い

 化粧品

 医薬部外品など

全成分を表示する必要がある

有効成分のみ表示する

「同じ成分を入れれば同じ効き目」となってしまうと、模倣した後発品が優位になることも

細かい成分までは他社にはわからないため、成分の違いが差別化につながる

成分自体の神秘性を売りにすることで、高価格なロングセラー化粧品が生まれる

成分自体に神秘性がなくとも、成分の組み合わせによって良い商品が生まれる

は、化学薬品の実験中に火傷を負い、肌がひどいケロイド状になりました。博士は自ら肌を治すために「クレーム ドゥ・ラ・メール」の原点となる成分を開発しました。海藻と天然成分に、海に関する音を聴かせたり光をあてるなどの独自手法でつくりあげたのがこのミラクル ブロス™です。発売当時は無名のブランドにもかかわらず、ニューヨークの百貨店でセレブリティがウェイティングリストに名を連ね、数ヶ月待たないと手に入らないという幻のクリームとして、熱狂的な支持を得ていました。

　SK-ⅡはP&Gに、クレーム ドゥ・ラ・メールはエスティローダーに買収されていますが、これらの神秘的な成分のストーリーは、買収前にすでに確立されていました。

　このようなブランド価値は、一朝一夕で生み出せるものではなく、ごく少数の熱狂的な支持が時間をかけて広がっていくものです。このような「成分の神秘性」における知財の創造は、大企業のマーケティングプロセスではつくりにくいため、大企業は品質や売上だけではなく、このブランドの背景にあるストーリーも資産と考えて買収をするのです。

Chapter6
10

日本の化粧品研究は
世界で高く評価されている

良い研究成果が出ると、良い商品の開発につながります。多くの学会で研究成果が発表されていますが、その中でも最も有名な学会が国際化粧品技術者会連盟（IFSCC）で、日本の企業もその中で優秀な成果を発表しています。

🔵 国際化粧品技術者会連盟（IFSCC）とは

　化粧品はさまざまな学問と関連してつくられており、多くの学会で研究成果が発表されています。

　なかでも、世界で最も有名な学会が、国際化粧品技術者会連盟（IFSCC）です。化粧品開発のオリンピックと呼ばれており、世界中の化粧品研究者が賞を獲得することを目標にしています。総会員数は約16,000名で、世界各地で開催される学術大会には各国の化粧品技術者が一堂に会し、最新の研究成果を発表します。優秀な発表に対しては賞が授与されます。

🔵 日本における化粧品研究

　日本には、日本化粧品技術者会（SCCJ）があります。会員数は1,843名（2020年4月1日）おり、事業会社、OEMメーカーや原料メーカーなど化粧品に関係するさまざまな研究者や企業が所属し、交流しています。化粧品技術者は、このような団体や学術大会、論文などを通して、他社の社員と切磋琢磨する機会があるのです。

　日本は化粧品研究について世界でも高い評価を受けています。資生堂はIFSCC大会受賞の常連であり、2020年には8大会連続24回目の最優秀賞を獲得しています。ポーラも2014年、2015年と最優秀賞を連続で獲得しています。

　IFSCCは化粧品に特化していますが、花王などの日用品を扱っている総合科学メーカーは、さらに幅広い技術の研究を行って化粧品以外の学会で多くの賞を獲得しています。日本でも、さまざまな学会発表の機会があり、日本香粧品学会や日本皮膚科学会などで化粧品についての発表が行われています。

日本香粧品学会
スキンケアやメイクアップ、香料が多く配合された香水類などについて、医学的および科学的に討論する学会のこと。

日本皮膚科学会
皮膚科学の研究と教育、医療について連携を図る学会のこと。

▶ 化粧品と関連する学問

分析化学	物質を分析する原理・技術の発案・実践から、データの信頼性評価・解決法提案まで、経験的なアプローチを含みながら科学的に研究する学問
界面化学	物質と物質が接する界面に生じる現象を体系づけた化学
有機化学	有機化合物（炭素を主な成分とする化合物など）を対象とした化学
無機化学	元素や単体、無機化合物を対象とした化学
材料科学	材料の科学的性質の研究、工学的な応用や開発を行う学問
香りの科学	におい分析の様子や，分子の構造とにおいの関係などを研究する学問
薬学	病気の治療や予防に使われる医薬品など薬を総合的に研究する学問
皮膚科学	皮膚を中心とした疾患を治療・研究する医学
生理学	人体を構成する各要素がどのような活動を行っているかを解き明かす学問
生化学	生物体の構成物質やその作用・反応を化学的に研究し、生命現象を化学的方法によって究明しようとする学問
脳科学	ヒトを含む動物の脳と、それが生み出す機能について研究する学問分野
微生物学	微生物を対象とする生物学
心理学	人間の感情や行動のメカニズムを科学的に研究する学問
人工知能学	人工知能についての学問
情報工学	情報の力を工学的に利用するための学問
コミュニケーション学	コミュニケーションについて、さまざまな視点と手法で研究する学問
人間工学	人間が可能な限り自然な動きや状態で使えるように物や環境を設計し、実際のデザインに活かす学問
統計学	集団全体の性質を一部の標本を調べることによって推定するための処理・分析方法について研究する学問。
環境科学	自然だけでなく、社会や都市など、私たちを取り巻くあらゆる現象を対象とした学問
色彩学	色彩の見え方、感じ方など色彩に対しての人間の行動を研究する学問

※SCCJのホームページを参考に作成

SK-IIが多くの店舗から撤退したわけ

SK-IIらしさを前面に押し出すために

SK-IIは「すべての女性に美しい素肌を」をテーマに、1970年代にマックスファクターという化粧品会社から生まれたブランドです。

マックスファクターは1986年にレブロンの傘下に入り、1991年にはP&Gに買収されています。

2019年、P&GはSK-IIの投資強化の対象としてブランド、人、店舗の三本柱を掲げ、配荷店の最適化を行っています。

まず、P&Gは多くの販売店に対して、取引を終了して解約の手続きをとるという通達を出しました。2021年秋には、日本国内でSK-IIが買える店舗はこれまでの半分になるという驚くべき数字です。店舗数を減らしたのは、購入する際の「体験」を重視したからです。SK-IIらしい購入体験のできない店舗からは撤退するという明確な意志決定を元に、若者が集まる立地や高級感のあるカウンターを設置できるかが重視されていたと言われています。

グローバル企業は大胆な戦略をとれる

SK-IIはP&Gに買収される前、一般的な制度品と同様に、新規契約店舗を増やす戦略で売られてました。

その分、売上の低い店舗と契約しているケースも多く見られました。特に、商店街の化粧品店やGMS（総合スーパー）の中には、販売員や顧客の高齢化の影響で昔のように化粧品が売れない店舗も少なくありませんでした。

「メーカーのリソースを最適化するために売上が少ない店舗からは撤退したい」というのは、制度品化粧品メーカーの抱える本音です。

しかし、今回のような大がかりな契約解除は、国内ブランドでは難しのが現状です。日本の大手化粧品会社が制度品システムのしがらみに縛り付けられている間に、グローバル企業は思い切った戦略でどんどん進化していきます。

これからもM&Aや大胆な組織再編など、ブランド価値を向上させるための手をうってくるでしょう。

第7章

化粧品業界の新市場

ナチュラルコスメ、オーガニックコスメ、ヴィーガンコスメ、クリーンビューティーコスメなど、欧米発の新しいコンセプトが注目されています。また、男性の化粧品への関心の高まりによるジェンダーレス化、サステナビリティやインクルージョン意識の高まりにより、化粧品業界に新市場が次々と誕生しています。

Chapter7
01

天然由来成分をコンセプトに右肩上がりで伸びている

天然の植物由来成分をコンセプトにしたナチュラルコスメやオーガニックコスメの売上は世界的に右肩上がりとなっています。日本には欧米のような正式な認証制度が浸透してないため、玉石混淆の市場です。

ナチュラルコスメとは

ナチュラルコスメとは、天然由来の成分を含む化粧品のこと。化学合成原料をほとんど使用していないものもありますが、天然由来成分を配合しているだけのものも多いのが現実です。

オーガニックコスメはナチュラルコスメの一種。オーガニック（化学除草剤や農薬、殺菌剤、抗生物質などを使用せずに、栽培、収穫、製造、保存された植物）の成分を使用しています。

不正確な成分表を公布して自主回収した例もある

2017年、オーガニックブランドとして人気のヘアケアブランドA社が「成分表に誤表示があった」と発表し、38品目121万個の自主回収を始めました。

この際、表示と実際に使われている成分があまりに異なっていたため、消費者やバイヤーに大きな衝撃を与えました。たとえば、天然由来の原材料100％と表示しているのに、石油由来の合成原料シリコンを使用していました。

他にも、実際にはラベンダーエキスやセイヨウシロヤナギ樹皮エキスなどの植物由来の原材料が使われていないのに、使われていると表示していたことも判明したのです。

オーガニックの認証機関

他にも、エコサート、ネイトゥルー、米国農務省、デメターなどがある。

欧米には英国土壌協会やコスモスなどオーガニックの認証機関がありますが、日本では認証を受けなくてもオーガニックを名乗ることができます。日本国内には大きな認証機関がないため、海外ではオーガニックと認められない商品もオーガニックコスメというコンセプトを使うことが可能なのです。そのため、消費者側の選択眼が問われています。

▶ ナチュラルコスメの種類

ナチュラルコスメ
天然由来成分を含む化粧品

オーガニックコスメ
オーガニックな植物成分を
使った化粧品

ヴィーガンコスメ
動物由来の成分を
使わない化粧品

▶ 自然派・オーガニック化粧品市場規模推移

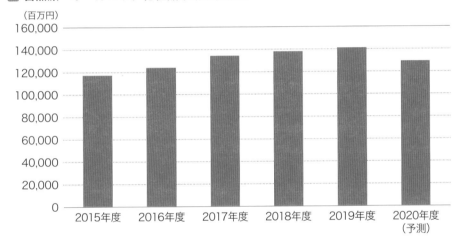

（百万円）

注: 自然派化粧品は、①天然植物原料を主成分としている、②化学合成成分の配合を抑制している、の2つともあてはまる化粧品をさす。
オーガニック化粧品は、①第三者期間のオーガニック認証を取得している、②使用原料の大部分を自社及び提携農園のオーガニック
素材を使用している、③ブランドラインアップの大部分にオーガニック素材を用いている、のいずれかがあてはまる化粧品をさす。

※出所：(株)矢野経済研究所「自然派・オーガニック化粧品市場に関する調査(2020年)」2020年11月16日発表

👍 ONE POINT

ヴィーガンコスメの誕生

近年、ナチュラルコスメとして新たに注目されるようになったのが、ヴィーガンコスメです。蜂蜜、コラーゲン、卵白、カルミン、コレステロール、ゼラチンなど動物由来の成分が一切含まれていない製品のことです。動物実験を行っていないこと（クルーエルティーフリー）も重要視します。

Chapter7 02

肌にも地球にもやさしい 新機軸の化粧品

アメリカから広がったクリーンビューティーのトレンドがアジアにも浸透しています。クリーンビューティーがナチュラルコスメと異なるのは、化学的な成分も積極的に採用する点です。

クリーンビューティーコスメとは

近年、クリーンビューティーコスメのコンセプトがアメリカから欧米に広がり、日本や韓国でも熱が高まっています。

資生堂はクリーンビューティの象徴的ブランドであるドランクエレファントを買収したり、2010年に買収したベアミネラルをクリーンビューティブランドとしてリブランディングしました。

クリーンビューティーコスメは、肌にとっても地球にとっても無害な成分を使用するという、アメリカで生まれた考え方を軸にした化粧品です。ナチュラルコスメ（→P152）と違い化学的な成分も積極的に使用します。天然成分だからといって肌に害がないとは限らないという考えにもとづいているからです。現在は多くの化粧品ブランドがクリーンビューティのコンセプトを取り入れています。今後はクリーンビューティーであるというだけでは購買理由とならない時代となってくるでしょう。

クリーンビューティーの認証制度

クリーンビューティーコスメを名乗るのに、特に決まりや認証制度があるわけではありませんが、アメリカの小売店は独自にクリーンビューティーの基準を定めています。

たとえば、2014年にカリフォルニアで創業された小売業「クレド・ビューティー」は「The Credo Clean Standard」を定めています。安全性、持続可能性、透明性の観点から、2,700以上の成分の種類をダーティリストに定め、常にアップデートしています。他企業でもこの基準を利用することが多く、小売店業界第2位のウルタ・ビューティも提携しています。

アメリカ最大手の小売店であるセフォラも、2018年に独自の

▶ The Credo Clean Standard の評価基準

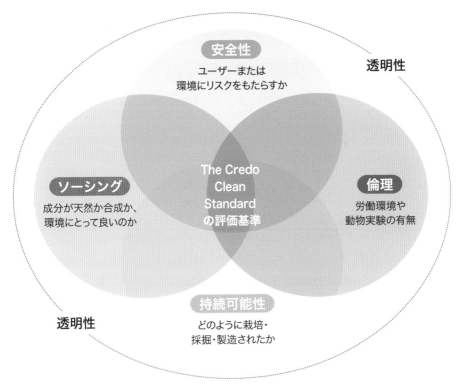

安全性
ユーザーまたは
環境にリスクをもたらすか

透明性

ソーシング
成分が天然か合成か、
環境にとって良いのか

The Credo
Clean
Standard
の評価基準

倫理
労働環境や
動物実験の有無

持続可能性
どのように栽培・
採掘・製造されたか

透明性

※「https://credobeauty.com/pages/the-credo-clean-standard-1」より作成

クリーンビューティーの基準を制定し、クリアした商品には
「Clean at Sephora」マークをつけることで、クリーンビューティ
ィブランドを明確にして取り扱いを強化しています。

👍 ONE POINT
クリーンビューティーがアメリカで注目される理由

EUでは化粧品成分の規制が厳しく、1,300種類以上の成分を有害とみなして使用
を禁止しています。しかしアメリカでは、化粧品成分の規制は連邦食品医薬品化粧
品法のみです。規制成分は30種類。1938年の施行以来、ほとんど更新されてい
ません。このような背景から、安全な化粧品成分を使った商品を使いたいという消
費者のニーズが高まり、クリーンビューティーが注目されています。

Chapter7 03

化粧品の成分と
危険性に関する国民性

欧米・韓国・中国では化粧品成分に対する疑念の強い消費者が多く、成分検索アプリが人気です。日本では、SNSやブログで成分が解説されることはありますが、危険を煽るアプリは現在存在しません。

📍 海外で使われている成分検索アプリ

欧米、韓国、中国では広く根づいているのに、日本ではあまり浸透していない美容習慣があります。それは、化粧品の成分検索アプリを使うことです。

中国のRED（→P182）に「#成分党」というハッシュタグがあります。これは成分ごとに商品レビューをしている投稿です。「あの高級コスメと同じ成分なのに、こっちのほうが安い！」という耳より情報や「この化粧品にはこんな成分が入っているからダメ！」という過激な悪口まで、詳細な書き込みがあります。日本のSNSではあまり見られない傾向です。

この成分党の盛り上がりにヒントを得て、2016年に登場したのが「美麗修行 Beauty Evolution」というアプリです。成分名で化粧品を検索、気になった商品は「Tmall（→P181）」で購入できる仕組みです。効果の高い化粧品に出会いたいというニーズをかなえてくれます。

一方で、アメリカの成分検索アプリ「SKIN DEEP」は、効くものを探すのではなく、害のある化粧品かどうかを調べるために使用されます。「発がん性」「発育」「内分泌かく乱」など、かなり踏み込んだバロメーターがあります（右図参照）。

韓国の「ファヘ」は、人気コスメのランキングがわかるアプリですが、購入時に成分をチェックするためにも使われます。ファヘでも成分が危険度ごとにグラフ化されています。

SKIN DEEP
化粧品などの安全性を独自の評価基準で公表しているアプリ。アメリカの約3,000ブランド、70,000商品が登録されている。

📍 日本で成分検索アプリが流行しない理由

日本では、「LDK the Beauty」のようなコスメ批評雑誌、YouTubeやTwitterやブログで成分の解説や危険度の評価をする人はいますが、危機を煽るようなアプリは流行していません。

▶ SKIN DEEP のバロメーター

癌	政府、業界、学術研究または評価において発癌に関連する成分
発達および生殖毒性	発達および生殖毒性に関連する成分。不妊症および生殖器官の癌から先天性欠損症および子供の発達遅延に至るまでの幅広いクラスの健康への影響
アレルギーと免疫毒性	免疫系への害。アレルギー反応として現れる健康問題のクラス。病気と戦い、体内の損傷した組織を修復する能力の障害に関連する成分
使用制限	業界の安全ガイドライン。政府の要件。米国、EU、日本、カナダからのガイダンスに従って、化粧品での使用が制限または禁止されている成分
内分泌かく乱	体のホルモン系の適切な機能に影響を与える可能性
神経毒性	脳や神経系への害に関連する成分。微妙な発達の遅れから慢性神経変性疾患までさまざまな健康問題のクラス
臓器系毒性	実験室での研究または人々の研究を通じて、体内の1つまたは複数の生物学的システムの毒性に関連する成分。たとえば、心臓血管、胃および消化管、または呼吸器系
生化学的または細胞レベルの変化	成分は細胞レベルまたは生化学的レベルで体に影響を及ぼす健康への影響
持続性と生体内蓄積	成分は環境中の通常の分解に抵抗して、野生生物、食物連鎖、そして人々に蓄積する。曝露後、数年または数十年も体内にとどまる可能性
生態毒性	魚、植物、その他の野生生物を含む可能性のある野生生物の毒性への関連
刺激性	皮膚、目、または肺の刺激性に関連する成分
職業上の危険性	化学物質の取り扱いによる差し迫った危険、または日常的な職業上の暴露による長期的な健康への影響など、仕事に暴露された労働者の危険に関連する成分
強化された皮膚吸収	浸透促進能力や小さな粒子サイズなどの特性のため、またはそれらが体に適用されるか（乳児の皮膚、唇または損傷した皮膚）による、皮膚を通してより容易に吸収される可能性
汚染の懸念	政府および化粧品業界の成分安全性評価または査読済み研究によると、成分は有毒な不純物で汚染されている可能性（その多くは癌に関連している）

※「https://www.ewg.org/skindeep/understanding_skin_deep_ratings/」より作成

　日本の大型プラットフォームは、化粧品会社からの広告収入で収益を得ているので、アメリカや韓国のように危険成分を表示することはできないのでしょう。

　また、現在の日本の消費者はアメリカ・韓国・中国の消費者ほど成分へのこだわりがある消費者が他の国と比べて少ないのも、成分検索アプリが流行らない理由かもしれません。日本の消費者は日本製化粧品に絶大なる信頼を寄せているので、現時点では他国の消費者のような需要は高くないのでしょう。

Chapter7 04

男性の 美容意識が変化してきた

男性がベースメイクやスキンケアを日常に取り入れる習慣が若い世代を中心に浸透しています。男性用・女性用という区切りを感じさせないジェンダーレスなブランドも支持され始めています。

男性向け化粧品が変わったきっかけ

　　男性は女性よりも油分量は多いのに対し水分量が少ない、髭剃りなどで炎症が起きやすい、スキンケアや日焼け止めを塗る習慣がないため肌の老化が進みやすいといった研究報告があります。これらの課題を解決するために、男性用の化粧品（メンズコスメ）をラインナップする企業が増加しています。

　　ドラッグストアでは、マンダムの「ギャツビー」、資生堂の「ウーノ」、ロート製薬の「ウルオス」、花王の「ビオレフォーメン」、小林製薬の「メンズケシミン」などが販売されています。

　　また、デジタルネット通販等に男性専用の化粧品ベンチャー企業が参入したことで、規模は大きくないものの、IT起業家や男性美容家のユーチューバーなどが自分が欲しいと思う男性用化粧品ブランドを立ち上げるようになり、男性用化粧品市場が活発化しつつあります。

ウーノ
もともとヘアスタイリング専用ブランドだったが、男性用総合化粧品ブランドにイメージチェンジをしている。

男性が化粧品を使用する理由

　　男性が化粧品を使用する動機は、「ビジネスのために清潔感や身だしなみを整えること」です。

　　この価値観を形成したのは、資生堂のウーノでした。「肌は大人の勝負服」というキャッチコピーをもとに展開されているCMは大当たりしました。最初は白くて伸ばすと肌色になるBBクリーム、見た目はグレーだけど血色をあげてコーヒーカップにつかないリップクリームなど、メイクに抵抗があるふつうの学生やビジネスマンでも安心して使える商品を開発し、新しい市場を築いています。

　　このように清潔感を出したり好感を持たれるためにする男性の

▶ 男性用化粧品を利用する3つの理由

①	成功したい	仕事で清潔感や身だしなみが整っていることが自信につながる
②	好感を持たれたい	マッチングアプリの普及で写真写りや第一印象が重要になった。イケメンになる必要はなく、嫌がられない容姿が求められている
③	綺麗な自分が好き	女性っぽい男子ではなく、男として綺麗と言う価値観を求めている。男らしいのに美しいK-POPスターや中性的な魅力のタレントが手本

▶ 男性が気になっている「肌の悩み」

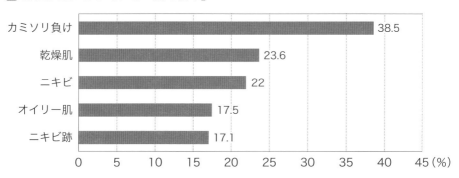

※20～50代男性1000名調査「男性の肌悩み・日常のケア」に関するアンケート調査結果／医療法人社団十二会(2020)を参考に作成

化粧行動は、女性の「化粧が楽しい」「綺麗になって嬉しい」という感情とは異なります。しかし、こういった価値観が当たり前になると、男性化粧品の市場はもっと成長していくでしょう。

多様性の時代のボーダレス化

　美容に徹底的にこだわる男性も増えています。韓国のK-Pop人気で、男性らしさはキープしながら美しさを追求するメイクも浸透してきました。またZ世代は多様性を認める傾向が強く、男性でもメイクの上手い人がインフルエンサーとして支持を集めるようになりました。

　Instagramには、男性タレントに女性ファンが化粧品のおすすめを聞くコメントも多く見られます。メンズファッション誌「ファインボーイズ」「メンズノンノ」なども一冊まるごと美容に特化した号を出版していますが、男性用化粧品だけではなく女性用化粧品も多く掲載されています。男性用、女性用という区切りがなくなり、美容がボーダレス化しているのです。

多様性の時代に対応するため
化粧品の売り方も変わってくる

近年、人種差別やルッキズムに対する見方が世界的に厳しくなっています。化粧品業界もその影響を受けつつあり、商品コンセプトや広告表現などで今まで以上の配慮が求められるようになりました。

美白化粧品の販売が中止に

　日本の化粧品は世界における美白化粧品において先進的な存在です。しかし、近年は美白化粧品のコンセプトが変化しています。「シミがない」「肌が美しい」「白い肌こそ美しい」というメッセージが少なくなり、血色、肌ツヤ、透明感など、持って生まれた肌の色を生かす広告や効能が多くなっているのです。

　美白という言葉は、人種差別とルッキズム（容貌差別）という2つの問題点があるため、使用を控える企業も出てきました。

　ルッキズムは外見至上主義とも呼ばれ、人を容姿の良し悪しで評価してしまうことです。

　美白化粧品を人種差別として扱った例として有名な事例があります。2020年にアメリカに本社を持つ医薬品大手ジョンソン・エンド・ジョンソンが、アジアや中東で一部の美白製品の販売中止を発表したことです。

　美白化粧品が差別と言われるのは、白い肌を美しいとして推奨しているため、それ以外の肌の人を侮辱しているとも捉えられるから。白人の価値観の押し付けということです。

　このニュースはSNSで大きな話題となり、化粧品会社の間では「アメリカは肌の色に敏感だから」「美白製品は色調の不均一性の改善や予防をするものなのに」という反応が出ました。

　しかし、一般の人の中には「美白というワードが、白い肌は美しい、というワードになってしまっている。ルッキズムを増長しているので、ずっと違和感があった」という意見もありました。

　花王も2021年に、今後は「美白」という表現を使わないと公言しています。白い肌など、特定の肌の色のみが美しいという印象を避けたいという狙いがあるようです。

▶ 価値観と化粧品の変化

従来の化粧品

美白　大きい目　小顔　やせた身体　細い脚

↓

増長させてしまう！

人種差別　　　ルッキズム

↓

今後の価値観

持って生まれた個性や特徴が美しい

↑

逆の存在を否定する
メッセージを使わない
ように注意する

📍 今後の価値観の浸透

　世界的には「ありのままの個性や特徴が美しい」という価値観が浸透しつつあります。

　ユニリーバのDoveは「REAL BEAUTY SKETCHES」というキャンペーンで、「あなたはあなたが想っているより美しい」というメッセージ広告を出し、話題になりました。

　美容の分野では、「美白」以外にも「大きい目」「小顔」「やせた身体」「細い脚」など、さまざまな広告ワードがあります。女性たちの「もっと美しくなりたい」という欲望に応えているのですから、これらのワードを使ってはいけないわけではありません。

　しかし、言葉を使うときに、「逆の存在を否定するメッセージになっていないか？」という点に敏感になる必要はあります。「今までの自分の常識にズレがあるかもしれない」という前提で新しい時代に合った考え方をすることが大切です。

Chapter7
06

通常のルート以外で
流通される化粧品

化粧品は値崩れしないことが特徴でしたが、最近ではサステナビリティの観点から企業が積極的に売れ残った商品の再販売を行うようになりました。また、メルカリでは使いかけの中古品が取引されています。

価値観の変化で流通方法が変わった

　化粧品にはアパレル業界のようなセールがなく、中古品も存在しませんでした。値崩れしないことがメリットの業界でした。

　しかし、近年は価値観の変化やフリマアプリの登場などにより、有名ブランドが通常ルート以外で流通されるようになりました。その方法は主に以下の3つです。

①アウトレット品

　最近では、大型アウトレットモールに正規に出店する有名ブランドが増加しています。また、ロハコのアウトレット通販セールでは、在庫処分品や旧パッケージ品など、大手メーカーが多数出品しています。

　アウトレットとは、売れ時に売れなかった商品を割引して再販売することです。化粧品の消費期限は3年で、店頭で消費期限まで1年を切った商品は返品されるのが一般的です。

　これまでは、ブランドイメージの毀損や販売店への配慮などもあり、一般の人の目に触れない社販で再販売した在庫を減らしていきました。しかし、近年ではサステナビリティ（→P20）の観点から一般の人への再販売を行うようになりました。

②中古品

　フリマ（フリーマーケット）アプリ「メルカリ」の利用者は10〜30代の女性が多く、化粧品購買層との親和性があります。「メイク美容」カテゴリーに入る商品の流通規模は年間約400億円にも及びます（2020年度）。特に百貨店コスメが人気です。

　個人から購入する中古品は衛生面が気になりますが、メルカリの「コスメ・化粧品の取引ガイドライン」において中古品は禁止出品物には含まれません。フリマアプリを日常的に使用している

▶ 化粧品の通常ルート以外の流通方法

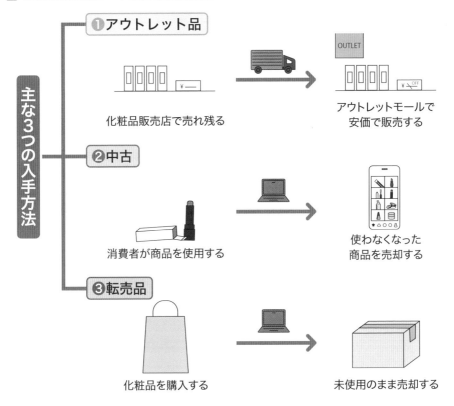

❶ アウトレット品

化粧品販売店で売れ残る → アウトレットモールで安価で販売する

❷ 中古

消費者が商品を使用する → 使わなくなった商品を売却する

❸ 転売品

化粧品を購入する → 未使用のまま売却する

主な3つの入手方法

若い世代にとっては「数回程度使用したものなら抵抗感はない」と言う感覚です。憧れの欧米ブランドが安価で買えるお得な手段と捉えられています。

　中古品は、残量を目視で確認できない化粧品が売れにくく、表面を削ることで整えられるパウダー状の化粧品（ファンデやポイントメイク）、が売れやすい傾向があるようです。

③高くなることもある転売品

　安く買った未使用品を高く売って利益を出す転売があります。転売業者は特に買取で価格がつきやすいシャネルの化粧品の専用買取ページを設けるほどで、コンパクトやケースだけでも高い価値があるとされています。しかし、転売屋の買い占めで、本当に欲しいと思っている消費者が店頭で正規の値段できず、割高な価格でしか手に入らないという状況も生まれています。

Chapter7

07

世界のエイジングケア市場を
リードしていく日本

日本では、女性の半数以上が50代以上という高齢化社会を迎えています。
他国に先駆けて新しいエイジングケア商品やサービスを開発することで、こ
の分野で世界市場をリードできる可能性があります。

● アンチエイジングからエイジングケアへ

　2017年に米国の美容女性誌「allure」が「アンチエイジング（老
化防止）という言葉はもう使わない」と宣言したことが大きな話
題になりました。

　アンチエイジングではシミ・シワ・たるみを消そうとしますが、
これらを全部消し去ることで若返るわけではありません。

　年齢に抵抗して若作りをする女性がよく思われない風潮も広が
っています。年を取っていないかのように見せるアンチエイジン
グではなく、加齢によって変化する肌に合わせたケアをするエイ
ジングケアが世界的に支持され始めているようです。

● 日本のエイジングは進んでいる

　日本は他の先進国に比べて群を抜いて高齢化が進んでいますが、
日本には60代になっても若々しい女性がたくさんいます。特に
80年代に若者時代を過ごした女性たちは、「美しい女性であり続
けたい」という気持ちが強く、企業もそんな女性たちの声に応え
るような商品やサービスを生み出しています。

　資生堂は、1996年の時点で「すべての世代の人びとのサクセ
スフル エイジング（美しく、健やかに年を重ねる）に貢献して
いく」ことを企業活動の軸とすることを宣言しています。日本の
エイジングに対する意識は他国と比べ一歩進んでいるのです。

　ユニークな発想も次々と生まれています。たとえば、ロート製
薬は「デオコ」を発売し、話題となりました。消臭やマスキング
ではなく、年を経ることで減ったものを補うというコンセプトが
新しい点です。

　また、最近では「白髪」も必ずしも高齢者の象徴というもので

デオコ
「女性のからだのニ
オイに変化が起き
る」ことに着目し
「35歳ぐらいから減
少する"若い女性特
有の香り"に似た成
分を配合」したボデ
ィソープ。

エイジングに対する意識の変化

以前の価値観　シミ・シワ・たるみなどを消すことで若さを保つ

↓ 変化

今後の価値観　加齢による全身の変化をポジティブに考える

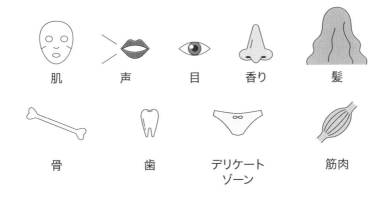

肌　　　声　　　目　　　香り　　　髪

骨　　　歯　　　デリケート　　　筋肉
　　　　　　　　ゾーン

高齢化が先行している
日本が新しい市場を
切り開く可能性も

はなくなりました。ハリウッドでも白髪を染めないトップ女優が増え、自信に満ちあふれた姿でレッドカーペットを歩いています。日本にも、若々しいグレイヘアーの50代や60代も増えてきました。

　このようにエイジングでは肌以外もケアします。匂いや髪以外にも、歯、声、骨、筋肉など、さまざまな分野で新しい価値が創造されています。日本が世界に先駆けて高齢化市場を切り開く可能性があります。

Chapter7
08

女性特有の悩みを解決する
化粧品市場が盛り上がっている

生理や妊娠、更年期など女性が抱える悩みに対してテクノロジーを使って解決するフェムテック市場が伸びています。フェムテックと化粧品を組み合わせたフェムテックコスメが今注目を集めています。

フェムテックとは

「フェムテック（femtech）」という分野に注目が集まっています。フェムテックは、女性（female）と、テクノロジー（technology）を組み合わせた造語です。

生理、妊活、妊娠、授乳、更年期、PMS、ホルモンバランスによる肌トラブルなど、女性が抱える悩みはたくさんあります。これらの悩みに対して、テクノロジーをつかって解決することをフェムテックと呼びます。

世界におけるフェムテック市場は、2025年までに500億ドル（約5兆4,000万円）にまで成長すると見込まれています。これは、ジェンダード・イノベーションズや＃me too運動で、投資家たちの女性特有の課題解決に対する関心が高まったことも要因だと言われています。フェムテックブームによって、今まで日陰の存在だった女性専用ケア商品にも注目が集まっています。

ジェンダード・イノベーションズ
性差を意識して、研究や技術開発を進めるという考え方。

＃me too運動
性暴力の被害経験を共有するためのSNSハッシュタグ。

女性の抱える悩みについて

女性は10代で初潮を迎えてからニキビに悩む人が増えます。生理前の肌荒れと深い関係をもつのが「黄体ホルモン（プロゲステロン）」です。皮脂の分泌を活発にし、ニキビや吹き出物や肌荒れの原因になります。

40代を過ぎると、更年期の悩みが生まれます。女性ホルモンの減少で、肌つやや髪の毛のボリュームがなくなりがちです。

その他にも、デリケートゾーンが生理用品でかぶれる、おりものの匂いが気になる、石けんの刺激が強すぎる、授乳によって乳首が切れるなど、女性には身体的なトラブルがたくさんあります。

以前は表立ってこうした悩みが言えませんでしたが、最近は

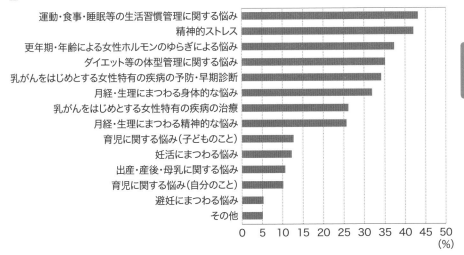

Femtech に解決を期待する「女性のからだ・健康の悩み」とは

	1位	2位	3位
20代	月経・生理にまつわる身体的な悩み	月経・生理にまつわる精神的な悩み	運動・食事・睡眠等の生活習慣管理に関する悩み
	59.0%	45.5%	41.0%
30代	月経・生理にまつわる身体的な悩み	精神的ストレス	運動・食事・睡眠等の生活習慣管理に関する悩み
	48.5%	45.5%	44.5%
40代	更年期・年齢による女性ホルモンのゆらぎによる悩み	精神的ストレス	月経・生理にまつわる身体的な悩み
	56.0%	46.0%	39.5%
50代	更年期・年齢による女性ホルモンのゆらぎによる悩み 運動・食事・睡眠等の生活習慣管理に関する悩み		精神的ストレス
	49.5%		41.0%
60代	精神的ストレス	運動・食事・睡眠等の生活習慣管理に関する悩み	乳がんをはじめとする女性特有の疾病の予防・早期診断
	46.5%	44.5%	31.0%

※SOPMOひまわり総健調べ「日本のFemtech（フェムテック）市場の可能性に関する調査」(2020)より作成

堂々と言える世の中になりつつあります。そのことにより、商品が表舞台に出てバリエーションが増えたり、化粧品とテクノロジー（生理周期や血液検査などのデータ）を組み合わせたフェムテックコスメが登場するなど、市場の活性化が期待できる分野となっているのです。

Chapter7 09

人やメディアを起点として 誕生したブランドが増えている

人やメディアが起点となり生まれる化粧品ブランドが増えています。今までも専門家が開発に携わるブランドはありましたが、非専門家が起点となる化粧品ブランドが増えています。

人を起点として生まれたブランド

「人」が起点となって生まれるブランドが多いのも化粧品ビジネスの特徴です。80年代以降は、メイクアップアーティストや皮膚科医など専門家が開発に関わったブランドが生まれました。

最近では、非専門家が起点となり、アメリカでトップレベルに育ったブランドが現れています。

たとえば、ティファニー・マスターソンは「スキンケア・グル^師」と呼ばれるほどのカリスマ性で、ドランクエレファントを創業し、資生堂に巨額の買収をされるほどに大きく育てました。

ティファニー・マスターソンは、テキサス州ヒューストンで4人の子供を育てる主婦で、自らの敏感肌（赤み・ニキビなど）に悩んでいました。そこで、肌トラブルの原因となった成分を「Suspicious 6（疑わしい6つの成分）」と名付けました。そして、これらを排除したブランドをつくりあげたのです。

このブランドは、「肌をケアするのに、ただ"ナチュラル"なだけでは意味がない」「天然成分が必ずしも肌に優しいとは限らない」との考えを表明し、"天然成分"と"最先端の合成成分"の両方を配合しています。「スキンケア・グル」と呼ばれるのは、この独自に築き上げた理論があるからなのです。化粧品会社としては珍しくシリコンバレーから投資を受けるなど、独自の成長をたどってきました。

Suspicious 6
肌トラブルの原因であったという6つの成分。エッセンシャルオイル、アルコール、シリコン、紫外線吸収剤、香料/色素、ラウリル硫酸ナトリウム（界面活性剤）。

メディア発の化粧品会社

メディアから生まれたブランドも増えています。たとえば、エミリー・ワイスは「VOGUE」誌のアシスタントだった2010年に美容ブログ「Into The Gloss」を開設しました。ファッション・

▶ 自社ブランドを販売しているウェブメディア

メディア	@cosme	日本最大級のコスメ・美容の総合サイト
ブランド	@cosme nippon	日々更新されるネットのリアルなクチコミ情報をもとにつくられるご当地コスメ
メディア	LIPS	コスメレビューアプリ
ブランド	meol	LIPSユーザーの品質や使用感に対しての声やトレンドを分析したブランド
メディア	NOIN	スマホでコスメが簡単に購入できるネットショップアプリ
ブランド	sopo	ファミリーマートでのみ販売される、みんなの「試してみたい」を叶えるブランド
メディア	ほぼ日	糸井重里氏が主宰するウェブサイト
ブランド	Shin;kuu	ヘアメーキャップアーティストの岡田いずみが担当。ブランド名の由来は「真紅」
メディア	北欧暮らしの道具館	北欧をはじめとする様々な国で作られたインテリア雑貨
ブランド	KURASHI&Trips PUBLISHING	「日常のなかに、ひとさじの非日常を」をコンセプトに、暮らしの道具の一つを目指したブランド

美容業界の著名人に愛用コスメやメイクのコツを訊ねるインタビュー記事などを掲載して人気を集めることに成功。そこから生まれたブランドが「Glossier」です。読者の「欲しい」をリアルな形にしたことから、大人気となりました。

　日本メディア発ブランドで代表的なのがETVOSです。創立者である尾川ひふみ氏がニキビに悩んでいたOL時代（26歳時）に、ニキビに悩む人専用の情報サイトを立ち上げ、ユーザーのために日本人の肌に合うミネラルファンデーションを開発しました。2020年4月にLVMHモエ ヘネシー・ルイ ヴィトン系の投資ファンド「Lキャタルトン・アジア」に買収されています。

　最近では、情報発信メディアを立ち上げて、フォロワーが育ったタイミングで化粧品を**ローンチ**するという、商品ではなく、ファンを先につくるという新しい戦略に注目が集まっています。

ローンチ
新製品や新サービスを売り出すこと。

貧困層へのビジネスで市場を広げる

Chapter7 10

SDGsの観点からBOP層へのビジネスが注目を集めています。シャンプーなどは単価が高くそのままでは購入してもらえないため、小分けにすることで商品単価を安くして販売しています。

BOP層とは

SDGs（→P20）が提唱されたことで、BOP（Base of the (economic) Pyramid）層を対象としたビジネスが注目されています。

BOP層とは年間所得3,000ドル未満の低所得者層のことで、世界の人口の約70％を占めています。この層の市場規模は5兆ドルと言われています。

化粧品業界の中で、BOP層へのビジネスとして有名なのが、シャンプーの小分け販売です。アジアやアフリカなどの貧困層の人々は、先進国の人々のようにシャンプー代に数百円も出すことができません。そこで、容量を小分けにすることで、商品単価を安くして販売しています。商品単価は安くても、消費人口が多いので企業にとっても大きな利益となるのです。

インクルーシブビジネスの例

低所得者層が多く暮らす地域の発展を促すビジネスも注目されています。貧困層の雇用創出や所得水準向上などを通じ、企業の利益追求を両立させることをインクルーシブ・ビジネスと呼びます。

インクルーシブ・ビジネスとして有名なのが、「プロジェクト・シャクティ」です。ユニリーバの子会社であるインドのヒンドゥスタン・ユニリーバが仕掛けました。

プロジェクト・シャクティでは、家庭用石けんを貧困層でも買える販売価格に設定し、インドの農村で販売します。その際に、インドの農村部の女性にユニリーバ製品を販売するトレーニングを行い、販売員として働いてもらうという試みを行っています。

これはただの社会貢献ではなく、企業側にも大きなメリットが

▶ 世界の中間所得層とBOP層の推移予想

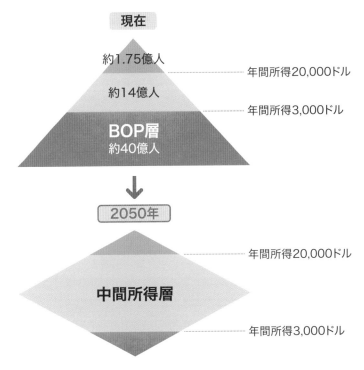

現在

約1.75億人 ‥‥‥‥ 年間所得20,000ドル

約14億人 ‥‥‥‥ 年間所得3,000ドル

BOP層
約40億人

2050年

‥‥‥‥ 年間所得20,000ドル

中間所得層

‥‥‥‥ 年間所得3,000ドル

出典：日本貿易振興機構（ジェトロ）のHP（https://www.jetro.go.jp/theme/bop/basic.html）を参考に作成

あります。貧困問題を解決すると同時に、今までつくることができなかった農村部の流通経路を獲得できたのです。このプロジェクトにより、インドの12州におよぶ5万村、7000万人にユニリーバの商品を届けられる販売網を構築することに成功しました。

また、手洗いの習慣が無かった人たちへの啓発もできたので、市場がより大きくなりました。

🔵 中間所得層が大半を占める時代に

世界の急速な経済成長に伴って、現在のBOP層の所得向上が期待されています。2050年には、現在のBOP層のほとんどが中間所得層になると予想されており、今後成長する市場として世界的な関心が高まっています。

経済成長と共に、化粧品のニーズも高まります。新しいインクルーシブ・ビジネスも展開されることでしょう。

環境に配慮した化粧品や容器が社会から求められている

Chapter7
11

SDGsが注目されているため、環境に負荷のかからない化粧品や容器を開発する必要があります。企業は同時に利益も出さなければいけないため、環境負荷がかからず、かつ魅力的なコンセプトが求められています。

SDGsの観点から化粧品に求められていること

SDGs（→P20）の観点から、化粧品には「環境負荷の高い原料を使用しない」「環境負荷の低い素材を開発する」「環境問題を解決するアプローチをする」ことが求められています。化粧品業界もこの問題に取り組んでおり、店頭什器を再生紙や再生プラスチック素材にする、テスターをなくすなどの取り組みを行っています。花王は、シャンプーなどの詰め替え容器「**スマートホルダー**」を打ち出すなど、さまざまな試みを積極的に行っています。

スマートホルダー
シャンプーやコンディショナー用のカバー。パックをはめ込むだけで使えるため、中身を詰め替える必要がない。

SDGsをコンセプトにした企画が通りにくい理由

若い世代がSDGsをコンセプトに企画を提案することが増えていますが、管理職側から「それって儲かるの？」と言われてしまい、企画が通らないことも少なくありません。

「頭の固い大人が若者のアイデアを潰した」という構図にも見えますが、そうとも言い切れない部分もあります。

マッキンゼーの調査によると、東アジアのZ世代は、欧米と比較すると「環境保護の意識は高いが、余分にお金を払おうとは思わない」という傾向にあるそうです。

消費者は、SDGsのコンセプトには賛同しますが、だからといってそれだけが売りのブランドや商品を買いたいわけではありません。ブランドへの愛着や商品の魅力があったうえで、SDGsのコンセプトに沿っていることが求められています。

現在注目されているLoopとは

現在、プラスチックゴミの廃棄問題を解決するうえで世界的に注目されているのが、Loopという新しい仕組みです。

▶ Loopの仕組み

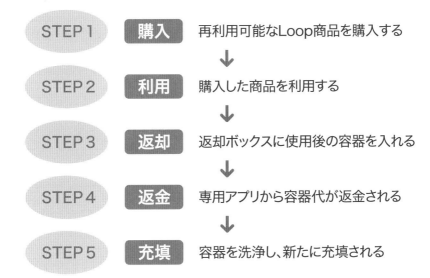

STEP 1	購入	再利用可能なLoop商品を購入する
STEP 2	利用	購入した商品を利用する
STEP 3	返却	返却ボックスに使用後の容器を入れる
STEP 4	返金	専用アプリから容器代が返金される
STEP 5	充填	容器を洗浄し、新たに充填される

　これまで使い捨てにされていたプラスチック製の容器や商品パッケージなどを、繰り返し利用可能なステンレスやガラスなどの耐久性の高い素材に変えます。そして、容器を使用した後に回収して再利用することで、プラスチックゴミの廃棄量を削減します。さらに、消費者は容器代を返却してもらえます。

　Loopが画期的なのは、リサイクルやリユースに対する「手間がかかって面倒」「見た目がダサい」といったイメージを完全に払拭している点です。Loopに使用される容器は生活に溶け込むような上質なデザインが特徴的で、少し面倒な過程を経たとしてもそのデザインが欲しいと思わせることで、消費者が協力的になることを狙っています。また、容器を回収する際は専用バックに入れて宅配業者を呼ぶか、買い物ついでに回収ボックスに入れるだけで手間を減らす仕組みを整えています。

　この取り組みへの参画を表明する企業は続々と増えています。アメリカでは2021年3月よりLoop by Ultaというサービスが始まりました。日本の化粧品業界からは資生堂やコーセー、ネイチャーズウェイなどがLoopの取り組みに賛同しています。また、2021年5月より、イオンが小売業として初めてLoopを導入。一部の店舗で運用しています。

Loop by Ulta
化粧品専門店大手UltaとLoopが連携したサービス。Ultaはスキンケア、ヘアケア、ボディケア、デンタルケア、ハンドソープやデオドラントなど価格帯が低めの55点の商品を今回のサービスの対象としている。

173

花王が挑戦するデジタル戦略

ネット限定で販売された化粧品の大ヒット

花王は、Amazonや楽天市場などのECモールを使ったマーケティングを大手企業の中でいち早く取り入れました。

2018年、花王はネット限定でブラックプリマと呼ばれる「皮脂くずれ化粧防止下地　超オイリー肌用」を販売しました。

「超オイリー肌用」と謳っているように、通常の「皮脂くずれ防止下地」と比べると汗や皮脂に強く、気になるテカリ・不快なベタつきも長時間防いでくれます。

発売されると口コミで大きな話題となり、約1ヶ月半で3万個が完売する大ヒットとなりました。

その結果を受けて、2019年4月からはネット限定商品として定番販売を始めています。EC販売の代表的な成功例と言えるでしょう。

販売員の代わりにAIがカウンセリングする時代に

「コフレドール」というカネボウのブランドは、かつてカウンセリング化粧品として取り扱われていました。

しかし、カネボウが花王に買収されてから、販売員のカウンセリングを必要としないセルフブランドへと見直されています。

これを機にAmazonや楽天などECモールでの販売も開始しました。

販売員のカウンセリングの代わりにデジタルカウンセリングができる新技術が続々と投入されています。コフレドールのアプリ「COFFmi（コフミ）」はユーザーの顔の特徴を識別する「AI フェイス アトリビュート」が導入されています。顔写真を撮影して簡単なアンケートに答えると、水分・油分・シミ・キメ・顔の特徴などをAIが分析してくれるのです。

同じく花王傘下の「ケイト」は先端AI技術で顔の86箇所を測定して黄金三角比率や5限比率などのパーツ比率を測定するサービスをライン公式アカウントで行っています。大手企業のカウンセリング販売のDXは今後一層進むでしょう。

第 **8** 章

化粧品業界の
中国戦略

日本で経済成長は鈍化傾向にあるため、海外戦略に力を入れる日本企業が増加しています。特に中国国内でのシェア拡大は成長戦略の柱となるため、各社が総力を挙げて取り組んでいます。中国での2019年の化粧品の小売額は前年比12.6%増の約4兆7,872億円（中国国家統計局）、輸入額は前年比33.8%増（中国税関の輸入統計）と急成長しています。この章では、このように重要度の高い市場となった中国に対する戦略を見ていきます。

中国の情勢に影響を受ける日本メーカー

2014年の中国のインバウンド客の「爆買い」現象以降、日本の化粧品市場は好調でした。しかし、2019年の中華人民共和国電子商務法施行、2020年の新型コロナウイルスの影響で大打撃を受けました。

中国の消費者との接点

　日本の大手化粧品メーカーの海外売上の比率は年々高まっています。すでに海外のほうが売上の高い会社もあるほどです。なかでも、海外売上を牽引しているのが中国からの売上です。日本の化粧品と中国の消費者の接点は、主に以下の2つとなります。

●**インバウンド消費**……訪日中国人客による買い物。コロナ禍以前は上昇傾向にあった

●**越境EC**……通販サイトを通じて行う国際的な商取引。コロナ禍でも大きく伸長している

　インバウンド消費を支えていたのはソーシャルバイヤーによる「爆買い」です。ソーシャルバイヤーとは、海外の商品を購入し、自国内で転売して稼ぐ人のこと。法人で事業展開することも多く、年間数億円規模の売上をあげるケースも少なくありません。

　日本のドラッグストアは、このソーシャルバイヤーたちの爆買いによって年々最高益を更新していました。しかし、中国政府が2019年1月に「中華人民共和国電子商務法（電商法）」を施行。個人バイヤーを規制したため、爆買いの勢いが鈍くなりました。

　このような状況で2020年にコロナ禍に突入。そのため、ドラッグストアやインバウンドに強かった一部のブランドの売上は非常に厳しいものとなってしまいました。そこで、各メーカーは越境ECに力を入れ始めるようになりました。

ソーシャルバイヤーの与える影響

　中国のソーシャルバイヤーによる爆買いは、日本の消費者にも大きな影響を与えてます。

　ドラッグストアで中国人が大量に特定の化粧品を購入すること

「爆買い」
中国人観光客が来日した際に商品を大量に購入すること。

▶ 中国の消費者との接点

インバウンド消費

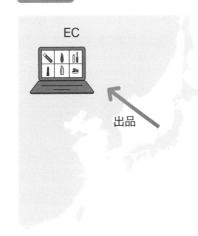

越境 EC

▶ 中国のソーシャルバイヤーの日本の消費者への影響

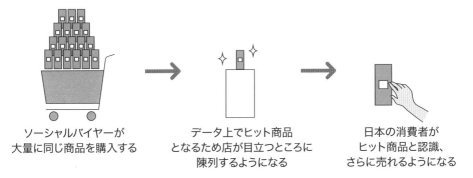

ソーシャルバイヤーが
大量に同じ商品を購入する

データ上でヒット商品
となるため店が目立つところに
陳列するようになる

日本の消費者が
ヒット商品と認識、
さらに売れるようになる

によって、ドラッグストアはその化粧品の入荷を増やし、目立つところに陳列します。すると日本のお客様にも売れ筋の商品だと感じさせる、つまり手に取りやすい環境ができるのです。

　百貨店でも同様のことが起きています。中国のソーシャルバイヤーによってそのブランドの売れ行きが上がると、リニューアル時にコーナーの面積が広がったり、導線のよい場所に配置されるのです。

　中国のソーシャルバイヤーが火種となって**爆売れ**となったブランドはたくさんあります。日本で売れるためには、中国でもヒットしなくてはならない時代となったのです。

爆売れ
商品が爆発的に売れること。中国のソーシャルバイヤーがきっかけとなることが多い。

化粧品はトラベルリテールで最も人気が高い商品

新興国の経済発展により観光客の数が上昇しました。トラベルリテールの環境が次々と整備され、グローバル企業も力を入れ始めています。新型コロナの影響で苦戦していましたが、リベンジ消費の恩恵も期待されます。

トラベルリテールとは

　訪日観光客の増加でインバウンド需要が拡大し注目を集めているのがトラベルリテールです。トラベルリテールは、空港、航空路線、街中の免税店舗、クルーズ船などの旅行者を対象とした小売店。実は、トラベルリテールで販売される商品の中で、最も人気が高いのが化粧品です。米国の証券会社ジェフリーの調査によると、トラベルリテールの売上全体の約35％を占めています。

　そのため、日本の化粧品売上におけるトラベルリテールのシェアも上がっていました。この背景には、中国や東南アジアを中心にビザ発給要件の緩和が推進されたことがあります。

　また、2020年にはオリンピックの需要を見込んで、新興ブランドから老舗ブランドまでさまざまな企業が国内の空港へ出店する予定でした。そのため、トラベルリテール売場の拡大は当分続くと思われましたが、新型コロナウイルスの影響で出店は見送りになり、市場は落ち込みました。

日本の空港のトラベルリテール

　特にグローバル事業に注力する企業は、トラベルリテールに力を入れています。たとえば、資生堂は2015年にシンガポールに「資生堂アジアパシフィック」を設立した際、トラベルリテールのマネジメント体制を整備しました。2020年にはポーラ・オルビスホールディングスやコーセーがトラベルリテール事業を強化するために組織編成を行っています。

ラグジュアリーブランド
歴史が深くアイデンティティのある高級ブランドのこと。

　渡航制限のある社会情勢の場合はリスクとなりますが、世界中の消費者とブランドの出会いの場でもあります。富裕層がターゲットとなり客単価が高いこの市場は、大きな売上が見込めます。

> トラベルリテールの変化

以前のトラベルリテール

ショッピングモール
のような陳列

レジだけの
接客

割安な
おみやげ用セット

現在のトラベルリテール

洗練された
店構え

一流の
おもてなし

プレステージ
商品セット

 ONE POINT

空港のトラベルリテール

空港は世界のラグジュアリーブランドが手に入るショッピングセンターになっています。新興国の富裕層が、ブランドに初めて接触したのが空港だという人が多いためです。世界各地の空港における広告宣伝などのマーケティング投資が近年活発化し競争が激しくなっています。
ロレアルが空港を五大陸に続く「第六の大陸」と明言するなど、世界トップクラスのブランドはトラベルリテールを非常に重要視しています。

Chapter8
03

進んだEC化と越境ECの日本人気

日本から中国への越境EC比率は世界一となっています。しかし、韓国やアメリカも売上を伸ばし、中国産化粧品の人気も高まっているため、競争の激しい市場に順応できるように情報分析と戦略に力を入れる必要があります。

電子決済の普及でEC化が加速

化粧品メーカーが海外戦略で最も力を入れているのが、中国でのECビジネスです。

中国はEC化が進んでいる国の一つ。日本のEC化率がわずか6.76％なのに対して、中国は約35％となっており、市場規模も200兆円を超えています。

支付宝（アリペイ）や微信支付（ウィチャットペイ）など電子決済サービスの普及がこの高いEC化の理由です。

物流システムの進化がめざましく、今後は中国の農村部まで物流が拡大するため、2023年の中国のEC化率は60％を超えるという予測もあります。

中国の有名なECサイト

日本からインターネットを通じて中国に化粧品を販売する越境ECが最近増えています。

中国が越境ECで最も取引をしている国は日本です。全体の2割を超えています。ただし、最近では韓国やアメリカも越境ECによる売上を伸ばしているようです。

中国に店舗を構える場合は現地を直接見る必要がありますが、ECの場合は日本にいながら中国市場の分析が可能です。日本でもサイトを通じてお客様のレビューなどを見ることができますから「どんな化粧品が話題になっているのか？」「自社の化粧品はどのように評価されているのか？」などは、データ分析のサービスを使えば簡単に情報収集ができます。

また、ECサイトだけでなくWeChatやWeibo、TikTokなどのSNSサイトも分析の対象になります。

WeChat
中国で幅広く使われているメッセンジャーアプリのこと。個人同士のメッセージのやり取りに使う。

Weibo
中国で幅広く使われているSNS。WeChatは個人同士で使うのに対して、Weiboでは多数に向けてメッセージを発信する。

TikTok
15秒から1分間のショート動画を投稿できるアプリ。2021年7月から撮影上限時間が3分に延長されている。

▶ 中国の越境ECの輸入額の推移

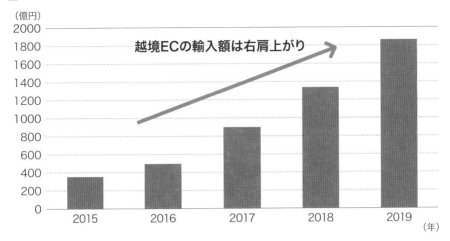

（億円）

越境ECの輸入額は右肩上がり

▶ 中国の越境ECの取引割合と伸び率（2020）

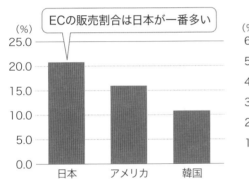

ECの販売割合は日本が一番多い

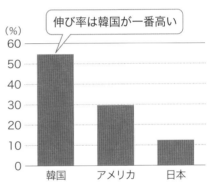

伸び率は韓国が一番高い

※中国商務部「中国電子商取引報告2019」より作成

▶ 中国の有名なECサイト

淘宝網 タオバオ	アリババグループが運営する個人間取引（C2C）のためのサイト。商品が全体的に安いため、以前は人気を集めていたが最近はTmallの方が人気
Tmall （天猫） テンマオ	アリババグループが運営する企業と個人の取引（B2C）のためのサイト。販売企業の登録に審査が必要なため、正規の販売業者しかおらず、偽物を買わされる心配がない。高い出店手数料がかかるが、商品検索で上位に表示される。以前は安い淘宝網が人気だったが、最近では中国人の平均所得も上がってきたため、ニセモノの購入リスクの低いTmallが人気である
JD.COM （京東） ジンドン	Amazonのように JD.COM名義で商品を販売し、自社独自の物流網が全国にはりめぐらせているのを売りにしている。 午前11時までに注文した商品は、その日に配送する「211限時達」が有名である

Chapter8 04

中国最大のSNSをきっかけにヒットする商品

中国で最も人気のあるSNS「RED（小紅書）」は、裕福で高学歴なユーザーも多く、化粧品市場に大きな影響を与えます。KOLによってつけられユニークなあだ名もヒットの要因のひとつです。

REDが人気を博している理由

　動画や画像、つぶやきなどで口コミを共有できるSNS機能に加えて、ECサイトの機能も兼ね備えたRED（小紅書）が中国で人気を博しています。

　REDは、ユーザーの口コミだけではなく、日本の美容専門誌のようにさまざまな商品の成分を比較した表など、学習要素の高い美容情報も投稿されています。そのため、中国国民からの信頼は絶大で、REDの口コミは商品の売上に最も影響があると言われています。

　内容の濃い投稿が多いのは、高学歴なユーザーのレビューが多いからです。若い女性だけではなく中年の理系男性の成分解説のフォロワーが多いのも日本にはない特徴です。

新興企業に勢いがある時代

　REDの口コミで盛り上がるヒット商品には共通点があります。それは、ユニークなあだ名がついていることです。

　たとえば、Macの口紅は「弾丸」、イブサンローランの口紅は「金の延棒」、SK-IIのエッセンスは「神仙水」、資生堂の美容液は「赤い豆」、コスメデコルテの化粧水は「紫蘇水」、イプサの化粧水は「流金水」、クリニークの乳液は「天才黄油」などと呼ばれています。

　Macの口紅は手榴弾のような形ですし、イヴ・サンローランの口紅の容器は延べ棒のような金色のデザインです。このように容器ボトルの色や形があだ名の由来となるケースもありますし、資生堂の赤い豆、コスメデコルテの紫蘇水など、独自の成分が由来となるケースもあります。

▶ REDであだ名のついた商品一覧

あだ名	ブランド	種類
流金水	イプサ	ザ・タイムR アクアの通称。中国名の成功例。
神仙水	SK-Ⅱ	妖精の水という意味。フェイシャルトリートメントエッセンスの通称
健康水	アルビオン	スキンコンディショナーの通称
元カレヘアマスク	ミルボン	昔の恋人も綺麗になった私に振り向いてしまうほどという意味
弾丸リップ	Mac	弾丸のようなデザインであることからつけられた通称
金の延棒	イブサンローラン	金の延べ棒のようなデザインであることからつけられた通称

※SK-Ⅱは、小灯泡　小さな電球（ジェノプティクス オーラ エッセンス）、前男友面膜　元カレマスク（フェイシャルトリートメントマスク）など、ユニークな通称がついている製品が多い
※小银瓶、小金瓶、小紫瓶、小蓝瓶、小红瓶、大红瓶など、色で通称がつくケースも多い

　メーカーにとっての理想は、「神仙水（妖精の水）」や「流金水」のようなドラマティックなあだ名がつくことです。

　KOLやソーシャルバイヤーが口にし、あだ名を聞き手が納得すると広く使われるようになります。

KOL
Key Opinipn Leader
の略。

　メーカー主導であだ名を浸透させるのは難しいですが、よいあだ名が生まれたら、それを効果的に発信するべきでしょう。

　また、商品開発の段階から、容器の色や形、成分等を、エッジの利いたものにすることで、あだ名をつけやすくしておくことも中国のマーケティングでは必要です。

　日本のブランドはシンプルな見た目が好まれるため、容器デザインにオリジナリティを出すことが少なくなっています。しかし、欧米の高級ブランド、韓国や中国の中低価格帯ブランドでは、容器にこだわりのあるものが増えています。日本のメーカーも、中国市場を本格的に狙うためには、今まで以上の企業努力が必要となっています。

<table>
<tr><td>Chapter8
05</td></tr>
</table>

キャンペーン成功の鍵は ライブコマース

中国では、さまざまなECイベントが開催され、毎年のように売上金額が更新されています。販売の鍵を握るのはライブコマースで、KOLは1回のライブ配信で数億円規模の売上をつくります。

ライブコマースの利用者は約6割にもおよぶ

中国ではライブコマースが盛り上がりを見せています。ライブコマースとは、売り手がライブ（生放送）で商品のPRをする手法のこと。配信者が化粧する、視聴者からのコメントに答えるなどした後に、商品をそのライブで販売します。SNSのライブとショップチャンネルを合わせたようなイメージです。

中国のインターネット利用者の約6割が使っており、2019年の市場規模は約7兆円、2020年には約15兆円と右肩上がりの市場となっています。

KOLの重要性

ライブコマースの売上の鍵を握るのはKOL（→P183）です。通称口紅王子とも呼ばれている李佳琦（オースティン）が化粧品のライバーとして最も有名です。もとはロレアルの社員で、在職中にECサイト淘宝（タオバオ）のライブの進行役に抜擢されたことがきっかけでライブ配信を行うようになりました。自身をモデルにして口紅を塗る姿やトークのわかりやすさで唯一無二の存在になり、1回の淘宝ライブ配信で3億2,000万円分の商品を売ったともいわれています。もはや個人ではなく大型販売店といってもいいでしょう。日本の化粧品で彼がヒットさせたものも多くあります。

新型コロナウイルスをきっかけに増えたのが、Wechatのライブ配信サービスです。

Wechatでのライブ配信の際は、美容部員が自分のフォロワーへ直接ライブ放送専用のQRコードを送ります。ライブ放送の視聴ができるのは限られたお客様だけというクローズドな仕組みが購買意欲をそそり大きな売上をあげるケースもあります。

ライバー
ネット上でのライブ配信を通じて収益を得ている人のこと。

▶ 中国の1年間の販促キャンペーン

1月	正月用品　帰省土産割引イベント
2月	バレンタイン向けの女性や恋人を狙ったイベント
3月	国際女性デー（3月8日）記念PR活動
4月	母の日関連PR活動
5月	告白の日（5月20日）関連PR活動
6月	京東の創立記念日（6月18日）を祝う上半期最大の割引イベント
7月	
8月	中秋節節（仲秋の明月）記念割引イベント アリババのVIP（年間）会員限定の割引キャンペーン
9月	アリババ傘下で行うPR活動
10月	
11月	独身の日（11月11日）。中国EC年間最大のイベント
12月	12月12日に行われる年末のECイベント

　ちなみに、ライブコマースで特に大きな盛り上がりを見る、日本のメディアでも注目を集めているキャンペーンが、11月11日の独身の日です。2020年データによると、最大手のアリババグループの取扱高は約8兆円に迫り、2位の京東グループも合わせると約12兆円でした。

　独身の日以外にも、上図のように中国では1年間にさまざまなイベントがあり、「618」や「国際女性デー」も注目されています。

独身の日
元々は独身者同士のお見合いなどが盛んに行われていたが、自分へのご褒美を買うという習慣が根付き、企業の一大商機となった。

国際女性デー
中国では「女王節」とも呼ばれ、女性だけが午後から半日、仕事が休みになる。

 ONE POINT

キャンセルと返品

独身の日の売上12兆円は11月11日のみの売上ではありません。10月中旬から予約販売が始まっています。値引きのためのポイントやクーポン狙いで購入してすぐキャンセルする人、実物を見て色を決めるために何色も買って後で返品する人なども多く、発表される売上と実際の数字は大きく違うと言われています。

中国の化粧品市場で売れるブランドが変化してきている

日本の化粧品会社は中国市場で大きな成功を収めていたため、後に続こうとする企業が少なくありません。しかし、中国の化粧品市場は大きく変化しているため、今までの常識は通用しないでしょう。

中国の化粧品市場の成長

　中国の化粧品市場は現在急成長しています。2020年の中国化粧品市場は5,000億元（約8.1兆円）で、そのうちスキンケアが53％の2,650億元（約4.3兆円）、メイクアップが15％の750億元（約1.2兆円）でした。2025年には現在の2倍の1兆元（約16.2兆円）になる見込みと言われています。

　そのため、世界中の化粧品メーカーが市場参入に積極的で、熾烈な競争がくりひろげられています。

　特に、日本企業はこの10年で中国市場で成功し、全体の売上を底上げしていたため、中国に進出できれば成功するという夢を持つ企業が後をたちません。

独自性の強い化粧品が売れる時代に

　しかし、今後は過去の成功例は参考になりません。中国国内のブランドが急成長しているからです。

　たとえば、中国トップのメイクアップブランドの「完美日記」は、当初手に入りやすいイメージで売っていましたが、最近は高級感を意識したマーケティングに変化しています。

　日本の強みはスキンケアですが、この分野でも次々とオリジナリティが高くユニークな中国ブランドが増えています。

　2010年代までは「日本製＝高品質」と評価されていましたが、最近では「日本製はおもしろみがない」という印象を持つ中国の若い世代も増えてきました。日本製のものを輸出すれば自然に売れる時代は終わったのです。

　日本製でも長く安定的に売れているものは、独自性が高い商品がほとんどです。日本の消費者にはそこまで評判がよくなかった

完美日記
（PERFECT DIARY）
運営する「逸仙電商（YATSEN）」は2020年にニューヨーク取引所に上場。15億9000万ドル（約1650億円）以上を調達した。しかしブランドロイヤリティの低さにより業績は低迷。2022年下期の時価総額は2021年のピーク時から約9割も減少した。中国市場の変動は非常に激しい。

中国におけるネット普及状況

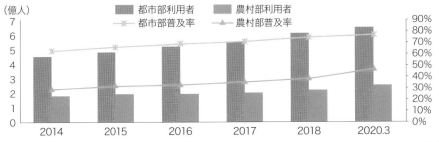

（億人）

凡例: 都市部利用者　農村部利用者　都市部普及率　農村部普及率

MUFG BK CHINA WEEKLY (https://www.bk.mufg.jp/report/inschiweek/420062401.pdf) (2020) より作成

のに、中国では爆発的に売れているケースも少なくありません。今後中国で売れるためには、中国のヒット商品の動向などを研究して、商品の企画や開発に反映させることが必要不可欠になるでしょう。

中低所得者層が注目されている

現在、中国で成功しているのは、SK-Ⅱや資生堂、コーセー（コスメデコルテ）などの高所得者層をターゲットとした**プレステージブランド**（→P15）です。

しかし、これから中国市場で注目されるのは、中低所得者層です。2020年3月時点で、中国の農村部におけるネット普及率は46.2％になりました。都市部のネット普及率との差はどんどん縮まっています。（上図参照）。2015年にスタートした共同購入サイトの拼多多（pinduoduo）は、3級都市や4級都市の地域に住む中低所得者層をターゲットにして急速に伸びています。

今後は、化粧品も通販サイトを通じて農村部の中低所得者層向けのものがより売れる時代になっていくでしょう。

3級都市
3級都市以下は、内陸部にある農村部や田舎を指す。2級都市以上は、いわゆる都市部。

中華美人
日本の女性のメイクの流行も、中国のインフルエンサー「ワンホン（網紅）」の影響を受ける現象が起きている。中国語の表記は「网红 wǎng hóng」で、「网」はインターネット、「红」は人気という意味。

 ONE POINT

日本で中国コスメが売れ始めている

美容意識が高い20代の日本人女性は、TikTokなどで流れてくる**中華美人**に憧れを持つ人も多く、中国コスメに対してもポジティブです。韓国コスメのように日本のブランドの競合となる中国ブランドが育ちつつあります。

第8章
化粧品業界の中国戦略

Chapter8
07
中国の化粧品市場における
マーケティングと規制の変化

中国化粧品市場では、マーケティングや規制も大きく変化しています。何もせずとも中国のインフルエンサーや芸能人が商品を紹介してくれる時代ではなくなったため、広告費を投入する必要があります。

マーケティングの変化

中国市場のマーケティングが大きく変化しています。

2010年代まで、日本の化粧品はKOLやソーシャルバイヤーや美容に影響力のある芸能人の紹介をきっかけに中国で売れていました。思ってもみない商品が紹介され、爆発的に売れることも珍しくありませんでした。しかし、最近はソーシャルバイヤーの規制が厳しくなったことに加え、各社がKOLや芸能人と大量にタイアップするために、以前ほど意外性のあるヒット商品は誕生しなくなっています。

ライブコマースや芸能人への投資は必須

KOLによる**ライブコマース**（→P184）や、芸能人を起用した広告を大量に投下しないと、中国市場で売れない時代になりつつあります。ただし、ライブコマースは出演料が高く大幅な値引きを要求されるので、メーカーの利益にならないリスク、ブランド価値を毀損するリスクもあります。企業側は注意が必要です。

中国では芸能人のファンによる応援消費のカルチャーが根づき一大産業となっています。応援消費に対する熱量は日本と比べものになりません。中国ではキャンペーンに芸能人が起用され、その芸能人のファンの購入で大きな売上が見込めます。

ブランドは芸能人を起用する際に、「ファンにどうやったらもっとお金を使ってもらえるか？」を緻密に設計します。ファンの消費意欲を刺激するような施策を次々と打ち出すのです。

しかし、中国の消費者は「本当に芸能人が使っているのか」「ただの広告案件なのか」を見破る能力も高いため、芸能人をきっかけとした爆売れ商品が生まれる確率は減少しています。

▶ 広告に芸能人を起用する理由

安心感を得るため	偽物や粗悪品に対して敏感な人に対して、タレントの起用によってある程度安心できる効果がある	ブランド力の強化
ファンの購入を促す	ファンが購入することで大きな売上をつくる。そのため、中国では女性用の化粧品であっても男性タレントが起用されることが多い	応援消費の誘引

▶ 化粧品監督管理条例における特殊化粧品と一般化粧品

特殊化粧品	・日焼け止め、ヘアカラー、パーマ、シミ取り、美白、抜け毛予防等 ・新しい効果をもたらす化粧品
一般化粧品	特殊化粧品以外の化粧品

規制内容の変化

　日本の日焼け止めは高品質なため、中国で高い評価を受けています。中国の日焼け止めカテゴリーの売上圧倒的1位は資生堂の「アネッサ」で、他にもさまざまな日本製ブランドが善戦しています。10代〜20代の若い女性の必須アイテムとなっており、日本の化粧品会社にとってはチャンスの多い市場となっていました。

　しかし、2021年1月1日から「化粧品監督管理条例」が中国で新たに施行されました。この条例により、「特殊化粧品」に分類された化粧品の規制が強化されました。

　これにより、日本が強みにしていた日焼け止めは、2021年から現地の専門企業にSPF指数・PA指数・UVカット剤の分析を依頼し、そのデータを商品に記載するという手間をかけなければ売れない仕組みに変更されました。このように自国の産業を守るために規制（レギュレーション）を変えてくることは頻繁に起きますが、海外企業にとって大きなリスクとなります。

欧米企業による日韓企業買収が増えている

日本化粧品会社の買収事例

欧米のトップ企業による日本企業の買収が増加しています。

2018年、ジョンソン・エンド・ジョンソンは「ドクターシーラボ」を手がける株式会社シーズ・ホールディングスをTOB（株式公開買付）により買収することを発表しました。

1株当たり5,900円、総額約1,500億円で買い付けを行うほか、創業者で筆頭株主の城野親徳会長らの保有株式を約800億円で取得する、大規模な買収となりました。

2020年には、「角質美容水タカミスキンピール」で知られる株式会社タカミをフランスのロレアルが買収しています。買収額は明らかにしていません。

ロレアルによる日本ブランドの買収事例としては、2002年のに「シュウ ウエムラ」以来のことでした。

今後、日本生まれのブランドのシェアが世界で高くなったとしても、実際は欧米ブランドの傘下だったというケースが増えるかもしれません。

韓国化粧品会社の買収事例

韓国企業の買収も増えています。

2018年、ロレアルは、韓国のEC発のファッションブランドで化粧品も手掛けるスタイルナンダを運営するナンダ（NANDA）社の全株式を取得し、傘下に収めました。特に、スタイルナンダのオリジナルブランド「3CE」は中国でも絶大な人気を誇っています。買収額は明らかにされていません。

他にも、2019年、韓国スキンケアブランド「ドクタージャルト」を運営するHave & beを、エスティローダーが買収しました。当時の企業価値は17億ドル（約1,853億円）だったと言われています。エスティーローダーがアジアブランドを買収したのは初めてのことです。

中国の化粧品市場でシェアを上げるために、欧米ブランドが日韓ブランドを取得する動きに出ています。アジア人の肌を考慮したコンセプトのブランドの買収が多いのもそのためでしょう。

第 9 章
化粧品業界の
イノベーション

化粧品業界では、新しい商品やサービスの発明を目的とするCVCやアクセラレータープログラムなどのオープンイノベーションに積極的に取り組む企業が増えています。また、非接触接客手法やオンラインとオフラインを合体したOMOをはじめ、接客や販売方法にもイノベーションが起きています。この章では、このような化粧品業界で起こっているイノベーションについて見ていきます。

Chapter9 01
ベンチャー企業への出資で独自技術を自社に取り込む

化粧品業界で自社の事業の収益につながるベンチャー企業に投資するCVCが注目されるようになりました。異業種の技術やサービスを化粧品と組み合わせることで新たな価値が生まれると期待されています。

他社の知識や技術を取り込む

化粧品業界では、最近オープンイノベーションが活発化しています。オープンイノベーションとは、製品開発や研究、組織づくりなどにおいて、他社の持つ知識や技術を取り込みシナジー効果を生み出すことです。近年は、「DX（→P30）」「パーソナライズ」「サステナビリティ（→P20）」「ダイバーシティ」「グローバルマーケット」など、従来の常識や組織の仕組みでは対応できないことが企業に求められており、社外の経営資源が必要な時代となっています。そこで、化粧品会社が自己資金で、ベンチャー企業に出資すること（CVC）は、社外資源の獲得を目的とした戦略のひとつです。

たとえば、資生堂は資生堂ベンチャーパートナーズ（投資を専門とする社内組織）を通じて、ドリコスへと投資しました。ドリコスは、両親指を生体センサーにあてて身体のコンディションを測定する独自の技術を持つベンチャー企業です。2017年、資生堂が開発し、ドリコスが技術監修をしたアロマディフューザー「BliScent」が発表されました。ドリコスの独自技術と資生堂の香料研究を組み合わせ、ストレス状態に応じた香りが出る仕組みを開発したのです。シナジー効果が生み出されたケースです。

また、ダウンロード数国内No.1のヘルスケア/フィットネスアプリ「FiNC」にも投資を行っています。資生堂が、美容と健康のパーソナライズに注力しているのが読み取れる2つの事例です。

女性企業家の視点を取り入れる

ポーラ・オルビスホールディングスは、化粧品だけではなく、アパレルやフィットネス、スクールなど10社以上の幅広い企業

シナジー効果
2つ以上の企業の強みを組み合わせた相乗効果のこと。

パーソナライズ
お客様1人1人に対して最適な情報を与えること。

ダイバーシティ
性別や年齢、人種など多様性を重視する考え方のこと。

CVC
Corporate Venture Capitalの略。

▶ CVC・VC・M&Aなどさまざまな形がある

VC

企業がファンドに売却

例）資生堂が欧州系大手投資ファンド、CVCキャピタル・パートナー時に1600億円で売却。資生堂とCVCが共同持株会社を通じて出資する株式会社ファイントゥデイ資生堂を設立（資生堂は35%の株式比率）

CVC

化粧品会社が新興企業に投資

例）資生堂
自社以外の技術やアイデアを組み合わせることによって革新的な商品・サービスを創業する企業が対象。FiNCやドリコスなど。公表されている投資枠は30億円

例）ポーラ・オルビスHD
アーリーステージの女性起業家企業10社以上に出資している。キャリアスクール事業を運営するシー、メディアとD2C化粧品ブランドを運営するディネットなど

CVC→M&A

CVCで投資していた企業を買収

例）ポーラ・オルビスHD
CVCで出資していたパーソナライズスキンケアのDC2ブランド「フジミ」を展開するトリコを38億円で買収し100%子会社化

M&A

大企業が成長した企業を買収

例）資生堂
ベアエッセンシャルを1800億円で買収。ドランクエレファントを895億円で買収。

例）コーセー
タルトを135億円で買収。

その他のM&AはP190コラム参照

に投資を行っています。

投資の基準の特徴は、女性が起業した会社を対象としていることです。「女性起業家による課題解決の視点」を活かすために投資しているのです。

M&Aとの違い

CVCがM&AやVCと異なるのは、他社との事業提携による自由なシナジー効果を目的としている点です。

M&Aはさらなるシナジー効果を期待できますが、他社との提携ではなく自社という扱いになるため、組織運営の難しさが課題となります。

VC
venture capitalの略。CVCと同じくベンチャー企業に投資をするが、その目的はキャピタルゲイン。キャピタルゲインとは、資産の売却益を目的とした投資のこと。自社の成長を目的としているCVCとは投資基準が異なり、「数年後の社会的評価」を最も重視している。

Chapter9 02

新興企業への支援と
異業種企業との共同開発

化粧品業界でオープンイノベーションが加速しています。アクセラレーター
プログラムというスタートアップ企業に対して協業・出資を目的とした募集
行為を開催する試みも増えてきました。

アクセラレータープログラムによる新興企業支援

　コーセーは2018年に、日本の化粧品業界で初めてアクセラレーターターププログラムを開始しました。アクセラレータープログラムとは新興企業に対して出資または協業を目的とした募集を行うことです。

　CVCと違い、必ずしも投資目的はありませんし、新興企業を単なる下請けとしない新しいパートナーシップを前提としています。

　コーセーの第1回目の募集には約80社が応募をし、その中で採択されたのはMDR株式会社でした。量子コンピューターを専門とした企業で、同社が持つ技術開発や生産などに応用するのを期待して採択されました。

　化粧品OEM企業のトキワは、2020年にアクセラレータープログラムを開始し、無償で製品の製造を行うことで、企業がつくりたい製品を生み出す支援を行っています。余計なコストをかけているように見えますが、未来の顧客の育成を行うことにもつながるため、BtoB企業ならではの出資のやり方といえるでしょう。

異業種大企業との共同開発

　花王は独自の技術ファインファイバーテクノロジーを商品化するために、女性が片手で持てるサイズでかつ安定してポリマー溶液を噴霧できる精密機器の開発が必要でした。そこで、美容家電の開発や製造を行っているパナソニックの子会社に依頼して、「エスト　バイオミメシス　ヴェールエフェクサー」を共同開発しました。

　資生堂と美容機器の専門企業ヤーマンは合弁会社「株式会社エフェクティム」を設立しています。資本金は4億9,000万円で、

ファインファイバーテクノロジー
2018年に花王が発表し、話題になった。化粧用のポリマー溶液を1マイクロメートルの極細線維として肌に噴射し、肌の上に一枚の薄いベールを形成する技術。

エスト　バイオミメシス　ヴェールエフェクサー
エストの美容液。水分を大量に抱え込み、長時間肌を潤いで満たす。

▶ オープンイノベーションの種類

対新興企業	CSV	売却益などが目的ではなく、自社の事業とのシナジー効果を期待して、可能性のある新興企業に行う投資のこと
		自社 —投資→ 新興企業 / 自社 ←技術提供— 新興企業
	アクセラレーター	新興企業に対して出資または協業を目的とした募集を行うこと。新興企業を下請けにはしないことを前提としている
		自社 —募集・投資→ 新興企業 / 自社 ←協業— 新興企業
対大企業	共同開発	異業種の企業と共同で商品を開発することで、お互いの強みを活かす
対大学		自社 —技術提供→ 大企業・大学 / 自社 ←技術提供— 大企業・大学

出資比率は資生堂が65%、ヤーマンが35%です。

　海外企業のオープンイノベーションは、グローバルな展開をしています。フランスのロレアルはアメリカのAppleとウェアラブルUVセンサーを開発しました。Appleが化粧品ビジネスに参入するのは初めてのことです。ロレアルのラロッシュポゼがAppleと開発したウェアラブルUVセンサーは、紫外線の測定・大気汚染、花粉の量、湿度についての情報がわかるアクセサリです。

　2019年、ロレアルは中国のアリババとAIを応用したスマートフォン上のニキビ検査サービス「エファクラスポットスキャン」を発表しました。このように、国を超えた大企業同士の共同開発は今後も進むでしょう。

対面接客が難しくなり加速した非接触接客

化粧品は対面接客によるメリットが大きく、販売管理費の中でも販売員の比重が高い傾向にあります。ただし、コロナ禍での感染症対策がターニングポイントになり、非接触接客への転換が加速しています。

2種類の非接触接客

2020年の新型コロナウイルスの影響で、化粧品会社が見直さざるを得なかったのが対面接客です。

店頭でのカウンセリング販売が困難になったため、代わりに以下の2つの「非接触接客」を積極的に行うようになりました。

①**カウンセリングのオンライン化**……インスタグラムなどのライブ配信、Zoomなどのビデオ通話を使用しオンラインで美容部員がカウンセリングする

②**カウンセリングのデジタル化**……LINEやサイト内のチャットで、潜在的な悩みを聞き出してその人に合う商品を勧める

これらが普及して化粧品業界に可能性が広がりました。①では資金のないP2Cの新興企業でも販促費をかけずに顧客との接点をつくれますし、②では美容部員でなくAIが推奨販売できます。

P2C
パーソン・トゥ・コンシューマーの略。

対面接客の2つの強み

カウンセリングのデジタル化で、人件費が削減できます。しかし、カウンセリングのメリットは大きいため、「対面接客」が無くなることはないでしょう。対面接客の強みは主に2つあります。

●**タッチアップができる**

タッチアップとは、販売員がお客様の肌に直接、スキンケアや化粧を施すことです。洗顔などは店頭に料理用のボールなどがあり、手で試してもらうこともあります。たとえば、ファンデーションを買いに来た消費者に、メイクのりが良くなる美容液を塗ったり、眉メイク、口紅、マスカラまで施すことで、消費者が予定していなかった商品の購入を促すことができます。

非接触接客では目的の商品を単品で購入するだけで終わってし

▶ 2つの非接触接客

オンライン化

美容部員がZoomやライブ配信などの
オンラインで情報を発信する。

デジタル化

LINEなどのチャットで相手の悩みを
聞き出し、合った商品を紹介する

▶ 対面接客の2つの強み

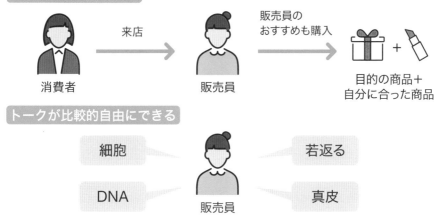

タッチアップができる

消費者 　来店 → 販売員 　販売員の
おすすめも購入 → 目的の商品＋
自分に合った商品

トークが比較的自由にできる

細胞 　若返る
DNA 　販売員 　真皮

まいますが、店頭の場合は実際に体験させる目的以外の商品の**ク
ロスセル**（→P38）が可能になるわけです。

● **トーク内容の制限がない**

　化粧品は薬機法による表現の制限が厳しいため、テレビCMは
もちろん、WEBや宣伝物に書けることが限られています。店頭
の1対1のトークでは、「細胞」「DNA」「真皮」「魔法のような」
「若返る」など、比較的自由に文言を盛り込めます。

　ライブコマースでは、不特定多数への配信で録音・録画も可能
なため、販売員が言葉のチョイスに苦戦し店頭で行うような話法
が使えません。店頭で売れっ子の販売員でも、配信では本領を発
揮できないため、接客は完全にデジタル化できない顧客体験であ
ると考えられるかもしれません。

Chapter9 04

新しい形態の店舗で 顧客体験を向上させる

オンラインとオフラインを合体したOMOや独自の体験ができる旗艦店など、新しい形の店舗が増えています。日本の消費者だけではなくインバウンド客にも優れた顧客体験を与えることを目的にしています。

OMOとは

化粧品業界では、OMO（Online Merges with Offline）と呼ばれる、オンラインとオフラインが合体した店舗が増えています。

たとえば、ルミネエスト新宿店には「SHIRO」の店舗の隣には「SHIRO SELF」という接客を必要としていない人に向けた店舗があります。店舗に設置してあるQRコードをスマホで読み取ると音声による詳しい説明を聞け、テスターを試しながら買い物ができる仕組みです。

購入の際は、スマホ上でカートに入れ、レジで会計をします。商品は当日持ち帰ることができるので、ECとリアルの中間のような存在です。

SHIROがこのような新しい顧客体験を設計したのは、女性だけではなく男性客も重要なターゲットと位置づけているためです。

独自体験ができる店舗

EC販売がメインのD2Cブランドであっても、リアルな体験を提供するために実店舗を出すことも重要です。そのお手本になっているのが、地元ニューヨークに出店した「Glossier」です。

その旗艦店は、ミレニアル世代に人気があり、観光客も多く訪れるスポットです。Instagram映えする装飾に特に力を入れており、空間を贅沢に使ってテスターも陳列されています。シンクがある部屋では洗顔料やフェイスマスクを試したり、試したメイクを落とすこともできます。

レジはなく、販売員がiPadで決済します。注文はパッキングする場所に届き、準備が整ったら受け取りカウンターに呼びだされます。まるでコーヒーショップで注文したかのようなシステム

テスター
使用感や香りなどを確認するために店内に置かれているお試し用の化粧品のこと。

D2Cブランド
自社で開発した商品をECモールなどの販売経路を通して消費者に直接販売すること

旗艦店
系列を代表する店舗のこと。

ミレニアル世代
1980年から1995年に生まれた世代のこと。

▶ OMOの顧客体験の例（参考SHIRO SELF）

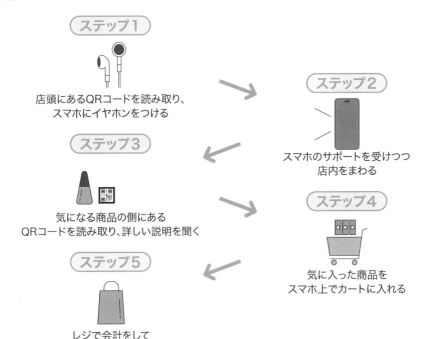

ステップ1
店頭にあるQRコードを読み取り、
スマホにイヤホンをつける

ステップ2
スマホのサポートを受けつつ
店内をまわる

ステップ3
気になる商品の側にある
QRコードを読み取り、詳しい説明を聞く

ステップ4
気に入った商品を
スマホ上でカートに入れる

ステップ5
レジで会計をして
そのまま商品を持ち帰る

です。

　日本でも、表参道や銀座など、インバウンド客の多い立地に進出している大手化粧品会社の旗艦店は、観光スポットとなるような店舗づくりに注力しています。テスターを試してもらう場の提供のみにとどまらず、その店舗独自の体験をしてもらうための工夫が随所に見られます。

　たとえば、肌診断後に自分に合うジュースが飲めるサービス、オリジナルボトルが作れるサービス（オルビス）、ネイルプリンターや自分の顔の形を撮影してオリジナルのマスクがつくれるサービス（コーセー）などがあります。

　これらの企業は、銀座や表参道などに店舗をかまえることで中国からの観光客の顧客体験の向上を重要視しています。日本でのショッピング体験で強い印象を残すことは、本国に帰っても、自社の化粧品を買い続けてもらうために非常に効果的だからです。

Chapter9
05

韓国とフランスの
革新的なイノベーション

フランスと韓国は、美容大国として世界の市場をリードしています。その背景には、グローバル市場でのシェア拡大を第一に考えた国策としての成長戦略があり、次々と革新的なイノベーションが誕生しています。

韓国は海外進出に力を入れている

　　韓国の化粧品会社と日本の化粧品会社との大きな差は、国が強力なバックアップをして海外進出を軸に成長戦略を立てていることです。韓国は「K-Beauty」を国策としても打ち出しています。

　　日本では新大久保が若者のトレンドスポットとして原宿のように注目されています。実際、Z世代における韓国コスメの使用率は高く、国産化粧品よりもオシャレという感覚が日本人や中国人の若者の間では一般的になりつつあるため、日本メーカーは危機感を持ちはじめています。

　　韓国が海外進出をさらに強化するきっかけとなったのは、2017年に中国が韓国の「高高度ミサイル防衛システム（THAAD）」配備に反発し、韓国旅行商品の販売を禁止したことです。

　　これによって、韓国のインバウンド消費は壊滅的となりました。ソウル市内の化粧品店がひしめく観光地である明洞から観光客が消え、倒産する企業も相次ぎます。

　　それ以降はインバウンドに頼らず中国国内で売る戦略が本格化し、中国消費者をターゲットにした研究に特に力を入れています。

K-Beauty
2019年11月、文在寅大統領は韓国化粧品産業の育成策を策定するように経済副首相に指示している。

フランスのコスメティックバレー

　　フランスには化粧品会社が集まる拠点、コスメティックバレーがあります。シリコンバレーを模して名付けられました。

　　パリから1時間、シャルトルを中心とした半経150キロの圏内に800社の企業、7つの大学、15の教育機関、200の研究所、8,000人の研究者、10万人の学生が集まっている世界の化粧品産業の一大集積地です。

　　集まっている企業の80％は中小企業ですが、ロレアル、LVMH

▶ 韓国化粧品業界の強み

コストと スピード	韓国は化粧品のベンチャー企業が非常に多く、それを支える OEMメーカーも数多くある。日本との違いは、OEM企業同 士の横のつながりが強く、連携がとりやすいこと。専門の企 業がそれぞれ（バルク・容器・外箱など）の強みを活かしス ピード感のある製品開発～販売が可能
アイデア	韓国は小ロットで化粧品の製造が可能なOEMメーカーや工場 が多く、化粧品に詳しくない人でもアイデアを思いついたら すぐに商品化できるため、大学生で参入する人もいる。 そのため、インディーズブランドが非常に多く、ユニークな ものが発売されやすい。知名度がなくても、面白いものであ ればSNSで紹介されるのでチャンスにつながることもある
デザイン	SNSはビジュアルで判断されるため、一目見た段階でおしゃ れで可愛いものを重視してつくる。最初から、SNSやデジタ ル広告でどう見えるかを想定して商品開発をするメーカーが 多く、日本の商品開発と大きな差がある
トレンド	韓国コスメは、1つのメーカーがヒットを出すと、次々と同 じような商品が発売される。たとえば、BBクリーム、クッショ ンファンデーションなどのベースメイクアイテム、かたつむ りエキス（2000年代に大ブームになった）、ツボクサエキス などの成分、ティントリップや眉ティントなどの染めるメイ クアイテムなど、各社が一斉に似た商品を出す。そのためブー ムが生まれるスピードが早い

モエ・ヘネシー・ルイ・ヴィトン、クラランス、シスレー、シャネル、資生堂、P&G、ジョンソン・エンド・ジョンソン、アモーレ・パシフィックなどの大手企業の研究開発施設もあります。

　フランスは、テクノロジーのオープンイノベーション（→P192）も盛んです。2017年に就任したマクロン大統領は、経済・産業・デジタル大臣時代から「フレンチテック」という起業支援プロジェクトを推進。これをきっかけに化粧品業界のイノベーションもさらに活性化しました。たとえば、有名なテクノロジーの巨大イベント「VivaTech」には、2019年に約1万3000社が出展、投資家が3300名参加、3日間の開催期間に125カ国から12万4000人以上が来場したと言われています。テクノロジー系の展示会とは一線を画しておりファッション大国のフランスらしいオープンイノベーションのチャンスの場として今後の成長が期待されます。

VivaTech
仏大手広告代理店ピュブリシスと大手新聞社レ・ゼコー（LVMHグループ傘下）が主催し、国が全面的にバックアップを行っている。

AIで化粧品が進化できる

AIで消費者の未来の行動を予測

ビジネスの世界では、AIを使った消費者の行動予測技術が浸透してきています。

身近なところではECサイトの閲覧履歴から「ページ滞在時間」「ユーザーの興味」などのデータを収集し、顧客行動が予測されています。リアル店舗でも、ネットワークカメラの導入で表情まで読み取れると期待されています。

美容に特化した行動予測技術も登場しています。

2018年、「ボタニスト」のメーカーであるアイ・エヌ・イー（I-ne）は、ニュースサイト・口コミサイト・SNSなど約2,000万件超の情報を分析してニーズを探るAIシステム「インサイトスコープ"KIYOKO"」を発表しています。

2021年、博報堂と美容系ポータルサイトを運営するアイスタイルは、共同で化粧品の購買予兆モデルを開発し、メーカーと実証実験開始すると発表しました。

今すぐに欲しい消費者のニーズに応える

化粧品業界の課題のひとつに、商品化のスピードがあります。

特にメイク化粧品は色やメイク法の流行サイクルが早まっているため、「流行しているもの」をすぐに商品化するスピードが求められます。

アメリカのColourpopは、最先端のトレンド情報を収集し、自社工場で高速で商品化してEC販売しています。この手法はロスも多いのか、新色でもセールを頻繁に行っています。今後は、生産性を最適化し収益性を向上する効果も期待されます。

ロレアルのAI搭載化粧品技術「ペルソ」は、TIME誌が選ぶ「THE BEST INVENTIONS OF 2020」を受賞。2021年に傘下のイヴ・サンローランで口紅から製品化されました。スマートフォンで撮影すると、ファッションや髪色に合わせて自動で色を調合したり、アプリ内から気分に合った色を選べます。1品で数千色の口紅を自分で作れるという次世代型化粧品の登場です。

化粧品業界における便利情報の取得ツール

基本のメディア

〈業界情報〉

週刊粧業・国際商業・WWD（JAPAN）・BeautyTech.jp
日経系メディア（日経クロストレンドがおすすめです）
女性潮流研究所（筆者運営メディア）

〈美容女性誌〉

小学館「美的」・集英社「MAQUIA」・講談社「VoCE」

〈データ〉

富士経済・矢野経済研究所

※化粧品業界の動向は、矢野経済研究所や富士経済のデータなどで把握することができます。
　消費者動向は、各企業のプレスリリースに掲載されている消費者アンケートデータなどもヒントになります。

SNS利用法

〈Instagram〉

検索サイトとして情報収集に使う消費者が多いため、最も注目すべきSNS。メディア特性としてポジティブなことが書かれることが多いため、他のメディアでネガティブなコメントがないか二重チェックをすることも必要。

ポイント

ターゲットの調査をする場合は、検索画面（虫眼鏡マーク）をタップしたものを見せてもらうと趣味嗜好がわかるのでおすすめ。若い世代はストーリーズを使うことが多いため、メーカーの人に見えていない情報も多い。

〈Twitter〉

ユーザーである美容オタクのアカウントの観測だけではなく、ビジネス情報の収集ツールとしての活用もおすすめ。中国などのアジアコスメ事情、化粧品のデジタルマーケティングに詳しいアカウントなど、有益な最新情報が更新されている。

ポイント

誤情報やパクツイ（他者のパクリのツイート）や非科学的理論も多いので、Twitterで見つけた情報については、必ず一次情報や学術的なエビデンスのチェックをすることが必要。

〈YouTube〉

美容ユーチューバーは商品開発者のような視点を持つ優秀な人が多い。メイクアップ新製品のスウォッチを発売日に更新してくれるので動きの速さに注目。

モーニングやナイトルーティンは消費者行動観察のヒントになる。

〈TikTok〉
日本人だけではなく中国や韓国のメイクHow Toにもヒントが多い。

ユーザーによっておすすめが違うので、情報収集メディアとして活用するには
コツがいる。TikTokのアルゴリズムで情報を自動的に集めてくれるようになる
まで、美容オタクのターゲットになりきったつもりで「お気に入り」をタップ
し続けることが必要。

掲示板利用法

〈@コスメ〉
@コスメは老舗掲示板として確かな存在で、ユーザーもわかりやすいレビュー
を心がけて文章を書いているのでビジネスマンにとっても読みやすい。

特に自社の訴求と正反対のコメントがないか要チェック。たとえば「しっとり」
した商品なのに「さっぱり」と書く人が多いなど、顧客とメーカーとの認識の
違い（ギャップ）は、マーケティングや商品開発のヒントになる有益な情報です。

〈LIPS〉
LIPSは若い世代が多く、コスメに限らず日常生活の記録を交えた個性的な文章
も多い。写真や動画、イラストを使った文字以外の表現が豊富。

コスメだけではなく、美容情報整形のビフォーアフター写真の紹介をするなど、
クローズドな中で有益な情報交換をしたいというコメントに潜在的なニーズが
含まれていることも多く、新市場を見つけるヒントになる。

主な展示会

〈コスモプロフ　アジア（Cosmoprof Asia Ltd,）〉
毎年香港で開催されるアジア最大級の国際美容展示会。

〈化粧品産業技術展 CITE JAPAN（日本化粧品原料協会連合会）〉
日本化粧品原料協会連合会が主催で、多種多様な素材、技術などの最先端の発
表の場。

〈化粧品開発展、国際化粧品展（リード エグジビション ジャパン株式会社）〉
原料、OEM、パッケージなど 化粧品の研究・企画開発に必要なあらゆる製品
が一堂に出展。

〈ビューティーワールド ジャパン（メッセフランクフルト ジャパン株式会社）〉
エステ・美容機器、ネイル・ヘア・アイラッシュなどのサロン関係者に強い展
示会。

索引

著者紹介

廣瀬　知砂子 (ひろせ　ちさこ)

早稲田大学大学院経営管理修士（専門職）、産業能率大学経営学部マーケティング学科兼任教員。女性潮流研究所所長。株式会社キカクブレーン代表取締役社長。1993年 株式会社コーセー入社。低価格帯ブランドからラグジュアリーブランドまでの幅広い業務を担当。独立後は女性ターゲットの企画コンサルティングサービスを行う女性潮流研究所を設立。以降、化粧品・アパレル・家電・製薬・食品・百貨店など商品企画やブランド戦略、企画人材育成などの課題解決業務を行っている。「週刊粧業」「繊研新聞」「流行色（JAFCA）」など、業界紙を中心に女性のトレンド分析やビジネス解説に関するコラム寄稿、講演、企業研修なども多数。著書に「売れる企画はマイクロヒット戦略で考えなさい！」（かんき出版）「意匠性を高める顔料技術（共著：サイエンス＆テクノロジー）」がある。

- ■ 装丁　　　　　井上新八
- ■ 本文デザイン　株式会社エディポック
- ■ 本文イラスト　株式会社アスラン編集スタジオ
- ■ 担当　　　　　伊藤鮎（株式会社技術評論社）
- ■ 編集／DTP　　株式会社アスラン編集スタジオ

ず　かい　そく　せんりょく
図解即戦力
け しょうひん ぎょうかい　　　　　　　　　　　し ごと
化粧品業界のしくみと仕事が
　　　　　　　　　　　　　　　きょう か しょ
これ1冊でしっかりわかる教科書

2021年 9月22日　初版　第1刷発行
2023年 4月20日　初版　第2刷発行

著　者　　廣瀬知砂子
　　　　　ひろせ ち さ こ
発行者　　片岡　巌
発行所　　株式会社技術評論社
　　　　　東京都新宿区市谷左内町21-13
　　　　　電話　03-3513-6150　販売促進部
　　　　　　　　03-3513-6160　書籍編集部
印刷／製本　株式会社加藤文明社

ⓒ 2021　株式会社キカクブレーン

ISBN978-4-297-12152-5 C0034　　　　　　　　Printed in Japan